U0370299

韭菜籽中天然活性成分制备及功能性质研究

● 孙 婕 尹国友 著

哈尔滨工业大学出版社
HARBIN INSTITUTE OF TECHNOLOGY PRESS

内 容 提 要

本书主要介绍了韭菜籽中天然产物制备及功能性质研究进展,介绍了韭菜籽中韭菜籽油和韭菜籽蛋白等功能性成分制备方法和制备技术,并系统地研究了不同提取/制备方法得到的功能性成分的活性以及在抑菌和抗氧化等方面的应用。

本书可供高等院校有关专业的师生,食品科学与工程和生物学科研人员,企事业、研究所人员等参考使用。

图书在版编目(CIP)数据

韭菜籽中天然活性成分制备及功能性质研究/孙婕,尹国友著. —哈尔滨:哈尔滨工业大学出版社,2022.6
ISBN 978－7－5767－0081－7

Ⅰ.①韭… Ⅱ.①孙… ②尹 Ⅲ.①韭菜－籽粒研究 Ⅳ.①Q949.71

中国版本图书馆 CIP 数据核字(2022)第 109850 号

策划编辑 杜 燕
责任编辑 张 颖
封面设计 高永利
出版发行 哈尔滨工业大学出版社
社 址 哈尔滨市南岗区复华四道街 10 号 邮编150006
传 真 0451－86414749
网 址 http://hitpress.hit.edu.cn
印 刷 哈尔滨圣铂印刷有限公司
开 本 787mm×1092mm 1/16 印张 11 字数 230 千字
版 次 2022 年 6 月第 1 版 2022 年 6 月第 1 次印刷
书 号 ISBN 978－7－5767－0081－7
定 价 48.00 元

前　言

韭菜籽是我国常见种植蔬菜——韭菜成熟干燥的种子,又名韭子,属百合科中的葱属植物韭菜的种子。韭菜籽是传统中药必不可少的组分之一,关于其特性功效及应用等的记载,最早出现在汉末陶弘泉的《名医别录》中。近些年来,国内外学者采用现代分离技术和方法对韭菜籽的成分进行研究发现,韭菜籽中含有丰富的油脂、蛋白质、多糖、氨基酸、黄酮类化合物、皂苷、核苷类化合物、生物碱、酰胺类化合物、维生素、纤维素、烟酸和微量元素等。

本书所有内容均为孙婕博士和尹国友博士的系列科研成果,主要分为2章:第1章为韭菜籽油,主要介绍韭菜籽及韭菜籽油的国内外研究现状及概况,韭菜籽油超临界流体制备工艺优化和抗氧化活性初探,韭菜籽粕提取物对韭菜籽油微胶囊理化特性及体外消化的影响以及韭菜籽油手工皂的制作及其理化性质和品质的分析。第2章为韭菜籽蛋白和韭菜籽多肽,主要介绍磷酸盐法提取韭菜籽蛋白及抗氧化、抑菌作用研究,酶解法提取韭菜籽蛋白及抗氧化活性研究,微生物发酵法结合色谱分离技术发酵韭菜籽粕制备韭菜籽多肽。

本书的具体研究内容主要包括超临界 CO_2 萃取技术提取韭菜籽油、韭菜籽粕提取物对韭菜籽油微胶囊理化特性及体外消化的影响,采用磷酸盐法和酶解法得到韭菜籽蛋白粗提液,利用连续透析、纯化工艺除去杂蛋白并脱盐得到韭菜籽蛋白,干燥,采用 SDS – PAGE 法研究提取得到的韭菜籽蛋白的分子量特征。开发磷酸盐提取法和酶解法提取得到韭菜籽蛋白产品,探讨韭菜籽蛋白的抗氧化、抑菌效果及对肉制品的保鲜作用,以及黑曲霉和枯草芽孢杆菌发酵制备韭菜籽粕多肽、氨基酸组成分析、多肽分子量分布及抗氧化活性研究。结合上述材料的韭菜籽中天然活性成分的制备技术和结构表征以及活性分析,着重探讨了韭菜籽天然活性成分的功能特性。随后,结合最新研究成果给出在韭菜籽的研究中存在的问题和下一步研究方向,为韭菜籽的开发利用提供理论依据和数据支撑。

本书由河南城建学院孙婕博士和尹国友博士共同撰写完成。在本书撰写过程中参考了大量的国内外文献、专著和教材,在此真诚地向相关著作的所有作者致以衷心的感谢。本书为河南省科技计划重点科技攻关项目(批准号:132102210192,152102210091)、河南省重点研发与推广专项(科技攻关)项目(编号:222102310527)以及与企业合作课题《韭菜及韭菜籽产品开发》(编号:CY - PF2021HZ - 1)重要成果。

　　由于作者水平有限,书中难免存在疏漏及不足之处,恳请读者批评指正。

作　者
2022 年 3 月

目　　录

第1章 韭菜籽油

本章内容分为五部分。

第一部分是韭菜籽及韭菜籽油的国内外研究现状及概况。

第二部分是韭菜籽油超临界流体制备工艺优化和抗氧化活性初探。以干燥粉碎的韭菜籽为原料,采用超临界 CO_2 萃取技术提取韭菜籽油。通过单因素分析,探究萃取温度、萃取压力和萃取时间三个因素对韭菜籽油萃取率的影响。利用响应面软件对其萃取的工艺条件进行优化,得出最佳的提取工艺参数为:萃取温度 45 ℃,萃取压力 27 MPa,萃取时间 100 min,在此条件下韭菜籽油的萃取率为 18.89%。通过 DPPH·自由基清除效果测定、·OH 自由基清除效果测定和总还原力的测定,对提取的韭菜籽油的抗氧化活性进行评估。综合三种方法的结果,得出韭菜籽油具有一定的抗氧化活性。

第三部分为韭菜籽油微胶囊的制备及工艺优化。以韭菜籽油作为芯材,分别以明胶-阿拉伯胶、明胶-羧甲基纤维素钠(CMC)、辛烯基琥珀酸淀粉酯 100(HI-CAP 100)-明胶以及 HI-CAP 100-麦芽糊精 4 种组合作为壁材,利用复凝聚法制备微胶囊,并对比冻干和喷雾干燥两种干燥方式对微胶囊的影响。以韭菜籽油微胶囊包埋率、光学显微镜和扫描电镜结构表征图为反应指标,在反应 pH、壁材质量分数、壁材比及芯壁比四种不同因素下,确定最佳组合壁材为 HI-CAP 100-麦芽糊精,喷雾干燥制备得到的微胶囊性能优于冻干法。通过单因素试验和响应面优化分析,确定韭菜籽油微胶囊最佳优化工艺条件:反应 pH 为 4.56,壁材比为 1.07∶1,芯壁比为 1.28∶1,壁材质量分数为 1.04%,在此条件下微胶囊包埋率可达 90.80%,为韭菜籽油的高值化利用提供了理论依据。

第四部分为韭菜籽粕提取物对韭菜籽油微胶囊理化特性及体外消化的影响。通过扫描电子显微镜、溶解性和流动性试验、热重分析、傅里叶变换红外光谱等,探究韭菜籽粕提取物对韭菜籽油微胶囊微观结构、包埋率、储存稳定性、溶解性及流动性等的影响,又利用体外模拟消化试验探究了韭菜籽油在消化道中的释放情况。结果表明,添加韭菜籽粕提取物的微胶囊颗粒形状规则,表面光滑、致密;韭菜籽粕提取物能把微胶囊的包埋率提升至93.272%,有效抑制微胶囊的氧化,提高微胶囊的溶解性和流动性;随着温度的升高,添加韭菜籽粕提取物的微胶囊最大失重率有所下降,韭菜籽粕提取物对微胶囊起到了一定的保护作用;红外结果证明了微胶囊化效果好,包埋成功;在体外消化试验中,添加韭菜籽粕提取物的微胶囊能更有效地释放韭菜籽油,提高了韭菜籽油在人体内的生物利用率。研究结果为韭菜籽油微胶囊产品开发、应用体系的构建提供了理论参考。

　　第五部分为韭菜籽油手工皂的制作及其理化性质和品质的分析。本部分内容测定了韭菜籽油的皂化值和碘值,以橄榄油、椰子油和棕榈油为皂基,采用冷制法制皂。将韭菜籽油添加到手工皂中,确定最佳工艺条件为:皂化温度60 ℃,搅拌速度400 r/min,韭菜籽油、椰子油、棕榈油、橄榄油的最佳质量分数分别为11.8%、29.4%、29.4%、29.4%。成品手工皂硬度适宜、颜色均一,其总游离碱含量①为0.09%,水分及挥发物含量为6.53%,pH为8.5,均达到国家手工皂行业标准,本部分研究成果为韭菜籽油在手工皂中的应用提供了一定的理论基础。

1.1　韭菜籽研究概况

　　韭菜籽是我国常见种植蔬菜——韭菜成熟干燥的种子,又名韭子,属百合科中的葱属植物韭菜的种子。韭菜又名韭,是多年生草本植物,有关韭菜及韭菜籽功能特性以及应用方面的记载,最早可追溯到汉末陶弘景的《名医别录》,其中记载:"韭,味辛、酸、温、无毒,归心、安五脏、除胃中热,利病患,可久食。子,主治梦泄精,溺白。根,主养发。"韭菜籽有补肝肾、暖腰膝、秘精壮阳的功效。韭菜籽中的许多化学成分对人体具有良好的生理功效,如适当食用可以调节人体肝肾功能缺乏等,可用作药材,被制作成饮片供人服用。韭菜籽作为我国传统中药材的重要组分之一,拥有悠久的用药历史,被列为是药食两用的植物种子资源,既可用作药材,又可用作保健食品。

　　长久以来,我国对葱属植物的应用一直都停留在食用或调味品方面,对它们在其他领域的作用和功效的研究尚不够深入。现今我国中草药行业发展十分迅速,很多传统中药材的功效都得到广大群众以及各个研究领域相关人士的认可。韭菜籽作为传统中药材之一,其发展也应得到人们的关注和重视。徐红建立了韭菜籽的生药学鉴别

---

① 　除特殊说明外,均指质量分数。

特征。郭奎彩、武丽梅等提取了不同品种的韭菜籽中的黄酮成分并对其抗氧化活性进行了探究。孙婕利用磷酸盐缓冲液法制备了韭菜籽蛋白,并对其抗氧化作用做了初步分析。李欢等对韭菜籽的现代研究与发展做了综合性的论述,对韭菜籽所含的化学成分、药理作用、临床应用和食疗功效都做了相关的叙述。随着对韭菜籽提取方法的不断改进,新型提取技术不断出现,相信未来对韭菜籽提取物的研究会越来越深入。

1.2　韭菜籽中的功能性成分

近几年来,国内外学者采用现代分离技术和方法对韭菜籽的成分进行了研究,研究表明韭菜籽中含有丰富的油脂、蛋白质、氨基酸、皂苷、核苷类化合物、黄酮类化合物、生物碱、酰胺类化合物、维生素、纤维素、烟酸和微量元素等。

1.2.1　韭菜籽油

从韭菜籽中提取的韭菜籽油经分析鉴定,呈金黄色,均匀透亮,并且带有韭菜籽本身的特殊香味,是一种纯天然的植物油脂,具备很高的营养价值和药用价值。韭菜籽在我国的产量非常高,位居全世界首位,可以说资源极为丰富,为人们对韭菜籽及其副产品的进一步研究和探索提供了非常有利的先决条件。在这种前提下,更应该充分发挥其优势,加大对韭菜籽油的研究力度,争取早日实现其功能性产品的大规模生产及应用。

迄今为止,已有不少关于韭菜籽油的相关研究报道,尤其是在韭菜籽油的提取制备等方面研究较多,采用超临界 CO_2 流体的方法萃取制备得到韭菜籽油是目前比较常见的方法。如曹秀敏等采用超临界 CO_2 萃取技术对韭菜籽油进行了初步的提取研究。周丹等运用超临界 CO_2 萃取技术初步确定了操作条件,并且出油率可达 18% 以上。胡国华等对韭菜籽提取物的成分做了简要说明,发现其中除了含有丰富的不饱和脂肪酸以外,膳食纤维和维生素的含量也很高。马志虎等采用超临界二氧化碳(SC - CO_2)萃取韭菜籽油,结果表明,SC - CO_2 萃取压力为 22.25 MPa、温度为 40.40 ℃ 条件下萃取 86.7 min 时,萃取得率为 17.52%,并对韭菜籽油成分进行 GC - MS 分析。还有一些科研工作者如李超等采用响应面法优化超声萃取工艺条件,确定萃取韭菜籽油的最佳工艺条件为液料比 11.9 mL/g,超声时间 59 min,超声温度 58 ℃。经试验验证,在此条件下,韭菜籽油得率为 22.41%。之后,李超等还采用响应面的方法优化了微波萃取工艺条件,并最终确定微波提取韭菜籽油最佳工艺参数为提取时间 99 s,料液比 9.8 mL/g、提取功率为 193 W,在该提取条件下,韭菜籽油的得率为 22.24%。周玉新等采用索式溶剂萃取法提取韭菜籽油并确定了最适宜的工艺条件。

在韭菜籽油成分鉴定与分析等方面也有一定的研究。Hu 等发现韭菜籽油含有 10.1% 的饱和脂肪酸和 90.0% 的不饱和脂肪酸。其中,亚油酸(69.1%)和棕榈酸(7.0%)是韭菜籽油中最丰富的不饱和脂肪酸和饱和脂肪酸。之后,胡国华等对三种不同的韭菜籽采用水蒸气蒸馏法提取得到韭菜籽油,并鉴定出 27 种成分,包括 7 种二硫化合物、1 种四硫化合物、3 种醛类化合物、2 种酮类化合物、3 种醇类化合物。而马志虎等通过气相色谱 – 质谱(GC – MS)技术对比 SC – CO$_2$ 萃取的韭菜籽油和索氏提取得到的韭菜籽油的组分发现,SC – CO$_2$ 萃取的韭菜籽油含有 17 个组分,采用索氏提取韭菜籽油共鉴定出 10 个组分。韭菜籽油富含不饱和脂肪酸,亚油酸含量可达 69%以上,同时含有 7 – 棕榈烯酸、油酸和 11 – 二十碳烯酸以及角鲨烯、β – 谷甾醇等有益成分。韭菜籽油不饱和脂肪酸组成与葵花籽油(91.3%)和亚麻籽油(91.3%)主要组成成分相似,含油量与葡萄籽、大豆、玉米胚芽含油量相当,可用于药用与保健油脂的开发。王发春等先将韭菜籽油甲酯化,利用毛细管气相色谱法对其脂肪酸含量和组成进行了测定,发现其中含有较高比例的不饱和脂肪酸,其中亚油酸和亚麻酸的含量可达 60.68%,同时含油率也较高,而韭菜籽油中的芥酸含量甚微,说明韭菜籽油有较高的营养价值,可作为食用油。之后的几年中,相继有一些科研工作者开展了韭菜籽油方面的研究,在研究结果上虽然有一定的差异,但制备得到的韭菜籽油中主要含不饱和脂肪酸,且不饱和脂肪酸主要是亚油酸和油酸。目前对于韭菜籽油的研究主要围绕韭菜籽油的提取和成分分析等方面,还没有在其他方面加以开发和研究。

1.2.2　韭菜籽氨基酸

氨基酸具有重要的生理功能,如合成蛋白质、糖异生底物、神经递质和信号转导分子的前体及蛋白质周转的调节物质等,以满足机体生长发育及组织修复更新的需要。佟丽华等的研究试验表明韭菜籽中含有氨基酸。汤文杰等在 16 种中草药的研究试验中表明,韭菜籽中总氨基酸、芳香族氨基酸、支链氨基酸、直链氨基酸、酸性氨基酸、碱性氨基酸、羟基氨基酸的含量均为最高。张玲等以石油醚提取得到的脱脂韭菜籽粉作为研究对象,测得韭菜籽中含有丰富的氨基酸,并确定了氨基酸种类,见表 1.1。还有学者通过研究表明韭菜籽中含有丰富的人体必需氨基酸,包括异亮氨酸、色氨酸和赖氨酸。

表 1.1　韭菜籽中氨基酸成分

氨基酸	含量/[mg·(100 g)⁻¹]
牛磺酸	31.02
羟脯氨酸	186.28
门冬氨酸	1 886.80
苏氨酸	840.01
丝氨酸	999.50
谷氨酸	6 262.79
脯氨酸	11.74
甘氨酸	999.16
丙氨酸	957.79
胱氨酸	850.23
缬氨酸	1 042.87
蛋氨酸	850.45
异亮氨酸	735.47
亮氨酸	1 187.35
酪氨酸	510.47
苯丙氨酸	830.45
鸟氨酸	16.12
赖氨酸	1 324.12
氨	—
组氨酸	441.89

注:色氨酸未测定。

1.2.3　韭菜籽蛋白质

近年来,大量的研究表明,植物蛋白具有抗高血压、降胆固醇、预防慢性疾病等功效。植物蛋白还可以制备可食用膜、生物活性肽、食品添加剂,充当营养补充剂,应用十分广泛。韭菜籽具有较高的营养价值,除了含有丰富的不饱和脂肪酸和膳食纤维外,还含有12.3%的粗蛋白,可作为潜在的食用蛋白质来源。尹国友等研究了韭菜籽中的生物活性物质——蛋白质的提取方法、工艺以及韭菜籽蛋白的抑菌性能。经试验检测,两种韭菜籽提取液样品对3种细菌抑制效果各不相同。之后,尹国友等以脱脂韭菜籽粉为原料,采用纤维素酶酶解法提取韭菜籽蛋白。结果表明,在韭菜籽蛋白质量浓度为2.0 mg/mL时对·OH和DPPH·有较好的清除效果。之后孙婕等又采用磷酸盐缓冲液法制备韭菜籽蛋白,以韭菜籽蛋白的提取率、DPPH·清除率及·OH清除率为指标,对提取温度、提取时间、pH及料液比4个因素各取3个水平,进行$L_9(3^4)$正交试验,确定最优的制备工艺。结果表明,最优的工艺条件为:提取温度48 ℃,提取时间1.5 h,pH 7.5,料液比1∶10。在此条件下进行验证试验,测得韭菜籽蛋白的提取率为9.87%。洪晶等采用响应面分析法通过试验数据建立数据模型实现韭菜籽蛋白提取试验中受多因素影响(pH、提取时间、料液比)的最优组合条件的筛选。通过试验确定了3个主要工艺参数影响的主次顺序,并优化出最佳提取工艺条件,提取率可达36.5%。

韭菜籽蛋白具有许多重要的生理活性。Lam等从韭菜内芽中得到一种具有抗真菌、肿瘤和病毒特性的几丁质酶类似蛋白。Ooi等从两个不同品种的韭菜籽中通过硫酸铵沉淀、亲和层析等方法分离到一种甘露糖结合的具有生物活性的凝集素。在韭菜籽中还分离到与单甘露糖结合的凝集素和缺乏半胱氨酸似壳多糖酶的具有抗真菌活性的蛋白。孙婕等采用滤纸片法研究了经过不同温度、加热处理时间和pH处理的韭菜籽蛋白对大肠杆菌、金黄色葡萄球菌、枯草芽孢杆菌、乳酸菌的抑制作用。之后,Hong等采用连续色谱法从韭菜种子中分离纯化具有抗氧化活性的多肽,用LC-MS/MS法测定序列为甘氨酸-丝氨酸-谷氨酰胺(Gly-Ser-Gln 290.10 u),研究发现Gly-Ser-Gln可有效抑制自由基,对DPPH·、ABTS·和O_2^-·等自由基均有一定的清除效果。此外,Gly-Ser-Gln在10 μg/mL质量浓度下可保护LO2细胞免受过氧化氢引起的损伤。此研发团队之后又在韭菜籽中发现另外一种三肽丝氨酸-天冬酰胺-丙氨酸(Ser-Asn-Ala)可以抑制革兰氏阴性杆菌和革兰氏阳性菌的生长,并且对大肠杆菌、金黄色葡萄球菌、沙门氏菌和枯草杆菌都有很好的抑菌效果。为充分利用提取韭菜籽油后的副产品——韭菜籽粕,孙婕等采用响应面分析法优化黑曲霉液态发酵韭菜籽粕中韭菜籽粕多肽提取工艺,并测定了最优提取条件下韭菜籽粕多肽的抗氧化活性。研究发现,随着韭菜籽粕多肽浓度的提高,抗氧化活性增强。

1.2.4　韭菜籽中的黄酮类化合物

黄酮类化合物是植物在长期的生态适应过程中抵御恶劣生态条件、动物和微生物等攻击而形成的一大类次生代谢产物,它们是广泛分布于植物界的碳基本骨架化合物,在许多植物的花、果和叶中大量分布。黄酮类化合物具有多种生物活性功能:抗氧化、清除氧自由基、调节免疫机能、雌激素样作用、抑菌、抗病毒、调节脂质代谢等。武丽梅等对不同品种的韭菜籽(马莲、农大雪韭王、紫根)采用乙醇回流法提取韭菜籽中的黄酮类化合物,通过单因素试验和正交试验确定了黄酮的最佳提取条件。白莉等在韭菜籽总黄酮对苯甲酸雌二醇与冰水浴联合所致痛经模型小鼠疼痛及各生化指标的影响的研究发现,韭菜籽总黄酮能够改善小鼠痛经情况,可以有效缓解痛经症状。李敬的研究发现,韭菜籽总黄酮对 DPPH・和・OH 有一定的清除作用,并且在试验所选择的范围内,抗氧化能力随着韭菜籽总黄酮浓度的增加而加强,表明韭菜籽总黄酮可以作为天然的食品抗氧化剂及防腐剂。如今社会越来越重视天然产品,韭菜籽总黄酮作为一种纯天然、无公害的提取物,不仅可以作为天然着色剂、天然增味剂等食品添加剂原料,还可以将其应用于对人体起抗衰老作用的功能性食品中,在功能性食品应用方面有广阔的发展空间。

1.2.5　韭菜籽皂苷

皂苷存在于许多植物中,是苷元为三萜或螺旋甾烷类化合物的一类糖苷。皂苷在韭菜籽中也有发现。佟丽华和姜凌的试验均发现韭菜籽中含有皂苷。赵庆华等首次从葱属科韭菜籽中分离出一种苷元为母皂苷元的双糖链的呋甾烷醇皂苷。桑圣民等在其相关的试验中从韭菜籽正丁醇化合物中先后分离出 20 多种新甾体皂苷。Tsuyo-shil lkeda 等在光谱分析的基础上得到了两个甾族的新皂苷。邹忠梅等也在葱属植物的种子中发现一个名为“tuberoside”的新型甾体皂苷。近几年来,皂苷的研究发展很快,目前为止已从韭菜籽中分离出百种之多的皂苷。

1.2.6　核苷类化合物

核苷类化合物具有显著的抗病毒、抗癌等生理活性,因此受到广泛关注,主要用于药物治疗方面。韭菜籽中也含有核苷类化合物。胡国华在其试验研究中通过溶剂提取从正丁醇提取物中分离出 6 个核苷类化合物,并鉴定出其结构,分别为胸腺嘧啶核苷、腺嘌呤核苷、2 - 羟基嘌呤核苷、腺嘌呤、尿嘧啶、胸腺嘧啶,且 2 - 羟基嘌呤核苷、腺嘌呤、尿嘧啶是首次从韭菜籽中获得。盛康美等采用反相高效液相色谱(同时测定韭菜籽中尿苷和腺苷的含量。胡国华根据腺苷具有的多种生理活性对比韭菜籽的功效初步推断出腺苷可能也是韭菜籽的有效成分之一,并采用高效液相色谱(HPLC)法对腺苷、腺嘌呤、尿嘧啶进行了定量分析。

1.2.7 韭菜籽中的多糖类物质

多糖类在生物体中不仅作为能量资源或结构材料,更重要的是参与生命科学中细胞的各种活动,具有多种多样的生物学功能。其中,一些相对分子质量在几千以上、具有很强生物活性的活性多糖的研究日益受到重视。这些活性多糖的生理活性、化学结构以及构效关系成为多糖研究的前沿阵地。活性多糖因有抗肿瘤、增强免疫力、降血糖等生物活性,而越来越引起人们的关注。近年来我国对多糖的研究进展很快,研究的范围涉及多糖分离纯化、结构分析、理化性质、免疫学、药理学及应用等,对其免疫增强作用机理的研究已深入到分子、受体水平。为研究双水相萃取法提取韭菜籽粕多糖的效果,尹国友等分别采用超声辅助热水浸提法和聚乙二醇/硫酸铵双水相系提取韭菜籽粕多糖,结果表明两种方法制备得到的韭菜籽粕多糖都具有抗氧化活性,随着韭菜籽粕多糖浓度的提高,抗氧化活性增强。

1.2.8 韭菜籽中其他类物质

韭菜籽中还有一些其他类物质发挥着药用方面或其他方面的作用。例如,生物碱、酰胺类化合物、维生素、烟酸、微量元素。胡国华等对韭菜籽的成分研究结果表明,韭菜籽中含有18.2%的膳食纤维和14.5 mg/kg的维生素 B_1、2.8 mg/kg 的维生素 B_2 及55.1 mg/kg 的烟酸。除此之外,韭菜籽中还包含大量人体必需的矿物质元素,如钙、铁、锌、铜、镁和钠等,且铁、钙、锌的含量分别为 580 mg/kg、1 328 mg/kg 和 8 018 mg/kg。张玲等的试验结果表明韭菜籽富含大量人体必需的微量元素,其中 Fe、Mn、Zn 含量高于蛇床子、菟丝子、锁阳、淫羊藿等其他补阳类中药。陈祥友等研究表明韭菜籽富含元素包括磷、铜、锂、锰、钡、锶、钛、锌、锆、硼、镁、钙。生物碱是指中药中一类含氮杂环的有机物,具有碱性和显著的生理活性。目前从植物中分离出的生物碱有 5 000 ~ 6 000 种,韭菜籽中也分离出了这种生物碱。武丽梅等还从韭菜籽中提取出一种名为"tuber‐ceramide"的酰胺。桑圣民等也发现韭菜籽中含有神经酰胺成分。

1.3 植物油脂的提取方法

目前提取植物油脂的方法有很多,提取方法不同,提取植物油脂的得率也会有所不同,得到的植物油脂的化学成分也不尽相同,因而其生物活性也会受到一定程度的影响。迄今为止,较为普遍的提取方法有压榨法、溶剂浸提法、水蒸气蒸馏法、有机溶剂萃取法、超临界流体萃取法、超声波萃取法、微波萃取法等。虽然这些方法各有所长,都具可行性,但也存在一些问题亟待解决,例如超声波萃取中声学参数如何选择的问题。所以针对不同的植物原料,选择恰当高效的方法,是提取成功的关键,也为植物油脂进一步的研究奠定了坚实的基础。

1.3.1　压榨法

压榨法是所述方法中最为传统和简单的方法,该方法是利用机械外力向植物原料施压,使植物原料内部的汁液流出。压榨法又分为海绵法、锉榨法和机械压榨法。近些年来,随着科学技术的不断发展,传统手工压榨法也得到了改良,由最初的利用海绵吸附、锉榨渗流,发展为使用离心机分离得到。压榨法无须加热,因此对油脂中化学成分破坏性小,同时也有操作简单、可行性高等特点。但由于其适用范围较小,油样储存期相对较短,因此一般只适用于植物果皮如柑橘等植物精油的提取,其他植物原料使用此法提取率相对低下。刘长娇采用物理压榨法得到五味子油,得率为 24.03%,因该法无溶剂加入,故无残留,安全可靠,为人们所信赖。王坚主要采用压榨法对陈皮、青皮次生代谢产物的挥发油进行萃取,压榨法能够保留柑橘果皮优良的芳香品质。

1.3.2　溶剂浸提法

溶剂浸提法利用的原理是相似相溶,提取的实质为一个传质的过程,植物油脂中的有效成分从植物体内转移至溶剂中。将植物原料粉碎成末,浸入到适量溶剂中,充分溶解后,过滤,再将溶剂除去,得到挥发油,属于固液萃取技术。溶剂浸提法按照溶剂的种类不同可分为水浸提法和有机溶剂浸提法,根据是否需要加热又可分为热浸法和冷浸法。溶剂浸提法简单易行,技术成熟,适用范围较压榨法更为广阔。但效率一般,应根据需要严格注意溶剂的使用,避免某些有机溶剂对提取产物及人体产生危害。陈克莉利用溶剂浸提法等多种方法对橙皮苷进行了提取和分离,发现其溶剂消耗量大、时间过长,不如超声波提取法效率高。

1.3.3　水蒸气蒸馏法

水蒸气蒸馏法是目前为止相对较为传统的提取方法之一,使用也较广泛。水蒸气蒸馏法又可细分为水上蒸馏法、水中蒸馏法和直接蒸汽蒸馏三种。主要操作步骤是将样品原料先经过预处理(干燥、粉碎),然后倒入蒸馏烧瓶中,根据需要加入适量的水,加热工具采用电热套,使样品原料中的油脂成分随着煮沸的水产生的蒸汽一同被蒸出。出口处连接冷凝管,将蒸汽再冷凝成液体混合物进行回收。最后利用旋转蒸发,将油样蒸出。水蒸气蒸馏法具有操作简便,设备成本低、组装简单易学、容易操作、所需技术含量低的优点,且一般普通实验室条件即可达到,适用于不易溶于水的油脂的提取。但也存在很多缺陷,如蒸馏过程中原料中的某些油脂成分因温度过高而变异或分解,许多植物油脂利用此法提取不出来或效果不佳。饶建平等优化了水蒸气蒸馏柚子花精油的工艺条件,确定当液料比为 16∶1、NaCl 质量分数为 3.51%、蒸馏时间为 8.15 h 时对柚子花精油的提取工艺条件最优。

1.3.4　有机溶剂萃取法

利用有机溶剂来萃取植物油脂,属于液液萃取技术,现在已发展成固液萃取和液液萃取的通用技术,实为溶剂浸提法的一个分支,是对有机溶剂浸提的改良和发展。将有机溶剂与原料一同在提取器中进行加热,收集到的混合物再通过旋转蒸发仪除去溶剂,剩下的部分即为油样。这类溶剂的特点是沸点低,既可以为单一的溶剂,也可以为几种溶剂的混合物。不同植物原料应根据其特性选择不同的溶剂。常作有机溶剂萃取剂的物质有石油醚、无水乙醇、乙醚、丙酮、环己烷、正己烷和二氯甲烷等。但是,使用此法可能会造成有机溶剂残留、污染环境、萃取时间过长、效率低下等情况。王林林运用不同方法提取了石榴籽油,并探讨几种方法对石榴籽油中石榴酸含量的影响,得出有机溶剂萃取法所得到的石榴酸含量最低。

1.3.5　超临界流体萃取法

超临界流体萃取法(Supercritical Fluid Extraction,SFE)是利用处于临界压力和临界温度以上的流体进行萃取的一种较为先进的新型萃取技术。萃取剂的选择方面,二氧化碳是目前研究最广泛的流体之一,它具有以下几个特点:性质稳定,较安全;萃取无残留、无毒性,对环境零污染;价格低廉,条件易于实现等,因而已成为目前工业上首选的萃取剂。CO_2 临界温度为 31.26 ℃,临界压力为 7.4 MPa,当温度和压力升至临界温度和压力以上时,其性质会改变,扩散系数也相当大,具有非常强的溶解性能。用它可溶解多种物质,然后提取分离出其中的有效成分,具有广泛的应用前景。超临界状态的二氧化碳对植物油脂有特殊的溶解性,其溶解性与密度相关,而密度在临界点附近又是温度和压力的函数,因此可以通过调整体系中温度和压力的值,从而将材料中的油脂萃取出来。超临界 CO_2 萃取技术适用范围广泛,在食品、生物、医药、化工、香料以及化妆品等行业发展迅速。吴秋等利用超临界 CO_2 萃取技术对毛榛籽油的提取方案进行了正交优化,提取率可达 38.9%。

1.3.6　超声波提取法

超声波提取法是应用超声波强化有机溶剂提取的一种升级方法,也属于一种物理提取方法。原理是利用超声波的空化作用,萃取物达到最大的空化状态,从而使植物中的有效成分快速地浸出。此法优点:温度低、提取时间短、萃取得率高、效果显著。近几年发现,此法在食品、医药行业应用较多,例如中药有效成分的提取方面,发展前景也很广阔。张娟运用超声波提取法提取麻黄挥发油,并将其与压榨法、微波萃取法、乙醚浸提法和水蒸气蒸馏法做了比较,发现利用超声波提取法从麻黄中提取的挥发油效率最高。

1.3.7　微波萃取法

微波萃取法是利用微波能萃取植物油脂的一种新型提取技术。在该过程中,由于植物细胞内的极性物质能够吸收微波辐射能,产生大量的热量,从而使细胞内温度和压力急速上升,最终导致细胞破裂,目标产物的流出。不同物质的结构不同,微波吸收能力也有所不同。该法最大的特点是对目标物质的选择性强、产物纯度好、节省萃取时间且得率高,但要注意防止微波泄漏。李超利用微波提取韭菜籽油,经过工艺优化后韭菜籽得率为 22.24%,相比有机溶剂回流法的提取效果好。

1.4　韭菜籽油的成分分析及抗氧化活性测定方法研究

植物油脂(vegetable oil and fat)主要成分一般为脂肪酸和甘油三酯,含有较多的不饱和脂肪酸,此外还含有丰富的维生素 E,少量的钠、钾、钙及微量元素,是人和动物体必需脂肪酸的重要来源。韭菜籽油作为一种植物油脂,均一透明,色泽金黄,与人们日常生活中的食用油相似,本身带有一定的挥发性。植物油脂是由多种有机化合物混合而成的较为复杂的物质,其分子机构复杂多样,且存在多种同分异构体。目前已经有学者研究出韭菜籽中所含有的化学成分包括不饱和脂肪酸、多种氨基酸、生物碱、皂苷、尿苷、腺苷、挥发油,甚至还含有微量元素如某些重金属等。

植物油脂的成分分析方法中,GC – MS 分析方法使用较为广泛。GC – MS 分析方法是利用气相色谱质谱联用仪将样品先经过气相色谱,使其分离成单一的组分,根据保留时间的不同,与载气一起从色谱柱流出,在经过分子分离器的接口时,载气被除去,保留组分则进入质谱仪的离子源,使样品组分转换成离子,再进一步分析检测,以质谱图形式呈现出来。气相色谱质谱分析中气相色谱仪相当于质谱仪的进样系统,质谱仪则如同是气相色谱仪的检测器一样,两者通过接口有机地结合在一起。气相色谱质谱分析法集合了色谱和质谱的双重优点,更加高效、灵敏,将定量分析和定性分析融为一体。宋家芯等利用气质联用法分析了辣椒籽油的化学成分,得知其主要化学成分为油酸、亚油酸、硬脂酸、棕榈酸等。杨虎等通过气质联用法对沙枣花精油的成分进行分析,得到其中最主要的化合物是肉桂酸乙酯。除此之外,还有红外光谱分析法等,也可用于韭菜籽油组分的分析。丁进峰等利用红外光谱法对亚麻籽油进行了定量分析,证实其中含有甲基、亚甲基、酯基等官能团结构。

抗氧化活性的测定方法有 DPPH·自由基清除法、·OH 自由基清除法、总还原能力测定法、ABTS·清除测定法、O_2^-·清除测定法等。由于自由基是动植物体在代谢活动中所产生的代谢中间产物,正常生物体内的自由基维持在一定水平并处于动态平衡中,正常量的自由基对细胞的生长、分裂、解毒等具有有益的作用并且在杀菌、免疫调节等方面具有积极而重要的意义,这些都与生物体内的抗氧化防御系统有必然的联系。在生物体内具有抗氧化作用的物质能够有效地清除自由基,减慢或阻止油脂的自动氧化作用,进而表现出抗氧化活性。所以目前使用较多的是采用自由基清除法来确定植物油脂的抗氧化活性。

1.4.1　DPPH·自由基清除法

1,1 - 二苯基 - 2 - 苦肼基,(1,1 - diphenyl - 2 - picryhydrazyl),简称 DPPH,是一种以氮为中心的非常稳定的自由基。其溶于无水乙醇溶液后溶液呈紫色,在 517 nm 波长处有最大吸收峰。当自由基清除剂加入到 DPPH 溶液中时,其中的孤对电子形成配对结构,吸收会减弱,甚至消失,结果会导致溶液的颜色变浅甚至变为无色状态,在 517 nm 处的吸光度值降低。其变化程度与自由基清除能力呈线性相关,可用清除率表示,清除率越大,说明该种物质的清除能力越强,抗氧化活性越好。

1.4.2　·OH 自由基清除法

选取水杨酸法测定提取物清除羟自由基的能力大小。水杨酸法清除羟自由基活性的测定原理是利用 Fenton 反应。该反应中 Fe^{2+} 与 H_2O_2 发生反应产生·OH,加入水杨酸后可捕捉反应中的·OH 并产生有色物质 2,3 - 二羟基苯甲酸,该物质在 510 nm 波长处有吸收峰,若在反应体系中加入具有清除羟自由基作用的物质,·OH 的数量就会减少,混合溶液的颜色就会变浅,因此测得 510 nm 处的吸光度值即可表示测定的物质清除羟自由基的能力。一般来说样品的吸光度值越高,说明该样品清除羟自由基的能力越弱。

1.4.3　总还原能力测定法

抗氧化剂,即还原剂,能作为抗氧化剂的物质,本质是通过其自身的还原能力,给出电子,产生清除自由基的功能。因此,物质的还原能力越强,其抗氧化性也就越高。反应中加入具有还原性的物质,能使六氰合铁酸钾的三价铁还原成二价铁(亚铁氰化钾),亚铁氰化钾能在三氯化铁的存在下进一步反应生成普鲁士蓝($Fe_4[Fe(CN)_6]_3$)。普鲁士蓝在 700 nm 波长处有最大吸收峰。因此可以以普鲁士蓝的生成量作为评价标准,测定物质在 700 nm 波长处吸光度值的变化情况,吸光度值越高就表示样品的还原能力越强,间接反映了物质抗氧化活性的强弱。

1.4.4　ABTS 自由基阳离子清除法

通过对 ABTS 的清除能力来判断样品的抗氧化性能。具体原理是:ABTS 与过硫酸钾($K_2S_2O_8$)在室温下经过 12 ~ 16 h 的暗反应,能被氧化成蓝绿色的 ABTS,其在 734 nm 波长处有强吸收。用无水乙醇进行一定比例的稀释,然后加入抗氧化物质,在具有抗氧化能力的物质存在的情况下,ABTS·的产生会受到一定程度的抑制,致使溶液发生褪色,吸光度值下降。测定混合液的吸光度值,与空白对照进行对比,即可获知该样品的抗氧化能力。郝董林利用 ABTS·清除法测定香附精油的抗氧化活性,结果证明,香附精油对 ABTS 自由基的清除能力极强,抗氧化效果显著。

1.4.5　超氧阴离子自由基清除法

运用邻苯三酚法检测超氧阴离子自由基(O_2^-·)的清除率,邻苯三酚在碱性环境下能发生自氧化反应,放出 O_2^-·,生成有色的中间产物半醌,其在 320 nm 波长处有特殊吸收峰。加入抗氧化物质后,能争夺体系中的 O_2^-·,阻止半醌的生成。故溶液 320 nm 波长处吸收峰会减弱。因此测定反应 320 nm 波长处的吸光度值即可评价样品的抗氧化作用。姚光明等用 O_2^-·清除测定法证明玫瑰精油的抗氧化活性较好,随着玫瑰精油质量浓度的提高,对 O_2^-·的清除率也增强。

1.5 微胶囊技术

微胶囊技术是指将某一物质(芯或内相)利用各种天然或合成的高分子化合物连续薄膜(壁或外相)进行完全包覆,从而实现对目的物的原有性质的保护,避免其损耗或者防止两种或多种组分相互影响;而后通过某些刺激或缓释作用使目的物的功能在特定的时间以及区域释放出来,达到较微胶囊化前更好的使用效果。

随着科技的发展,试验中使用的材料以及技术不断地细微化,微胶囊技术获得了极快的发展。现如今,微胶囊化技术已经与人们生活中的衣食住行息息相关。刘晓妮等使用微胶囊技术制作光致变色棉针织物,使其在保证织物的热稳定性、白度、厚度、透气性、顶破强力等性能没有明显下降的情况下能够使棉针织物在光照下发生可逆的变色现象;而在食品方面,微胶囊技术也有极为出色的表现,Benucci Ilaria 等使用壳聚糖 – 海藻酸钙双层微胶囊改善啤酒的挥发性及其感官特征;在食品保鲜方面 Hao Ruoyi 等使用精油微胶囊对鱼类进行防腐。在新材料的研发方面,吕忠等使用微胶囊技术,利用生物材料的自修复功能,在基材内部形成智能型仿生自修复网络系统,设计出了具有自修复功能的水泥基复合材料;C. Aumnate 等使用石墨烯 – 聚乳酸微胶囊来增强以聚丙烯为原料制作熔丝的稳定性以及其力学性能;Li Jianyang 等制备了负载桐油的脲醛微胶囊,此种微胶囊在制备自修复环氧涂料中有着较高的实用价值。

1.5.1 微胶囊制备方法

制备微胶囊的方法较多,大体可分为物理法、化学法以及物理化学法。而常用于油脂微胶囊化的方法主要有包合法、锐孔 – 凝固浴法、层层自组装法以及凝聚法等,其他方法应用于油脂微胶囊的制备较少或者效果较差。

岳淑丽等使用包合法制备桉叶精油微胶囊的包埋率和包埋得率分别为 70.33% 和 86.27% 。其方法主要为使用超声使壁材对芯材进行包埋,方法较为简单,但包埋率较低,且其成型微胶囊在稳定性方面略差于使用其他方法制备的微胶囊。吴彩娥等使用锐孔法制作核桃油微胶囊,其最高包埋率为 86.3% 。锐孔 – 凝固浴法主要是将乳化液滴入凝固浴中,从而达到包埋效果。但此种制备方法制备的微胶囊若使用注射器手动滴加,则粒径大小无法控制;若使用仪器所制备的微胶囊粒径较小,在滴加过程中可能会对芯材造成影响。张珊珊等使用层层自组装法制备了百里香精油微胶囊,其包埋率为 71.13% ± 0.03%。其主要原理为通过电荷吸引力将壁材一层层吸附从而达到包埋的效果,对芯材要求较高,且过程较为复杂,难以操作。

凝聚法可分为单凝聚法和复凝聚法,彭群等使用两种凝聚法制备橙油微胶囊,其结果表明单凝聚法较复凝聚法包埋率低,包埋效果差。复凝聚法制备微胶囊是指利用两种带有相反电荷的高分子材料,在一定的情况下交联并制备成囊,将囊芯物包裹的技术。由于使用复凝聚法制备微胶囊具有操作简便、条件温和、效率高、缓释效果好且包埋率较高等优点且复凝聚法是现阶段制备微胶囊最常用的方法,复凝聚法制作的微胶囊能够使其囊心物稳定性以及贮藏时间得到显著提高,并在一定程度上改变其所具有的理化性质,故本试验采用复凝聚法制备微胶囊。

1.5.2　壁材选择

微胶囊的壁材是选用两种带有不同电荷的高分子材料构成的,其作用多为保护芯材的理化性质,延长其储藏周期。谭睿等使用明胶分别与阿拉伯胶、果胶、羧甲基纤维素钠 3 种壁材相结合,采用复合凝聚法制备绿咖啡油微胶囊,并对其壁材效果进行探究;刘义凤等使用辛烯基琥珀酸酯化淀粉(Starch Octenylsuccinate , HI – CAP 100)为壁材制备出的微胶囊包埋效果较好,并且微胶囊粒径分布均匀,表面较光滑,抗氧化及保存效果较为优秀,为制备微胶囊的良好壁材;根据对 HI – CAP 100 以及明胶性质的了解,设计使用 HI – CAP 100 – 明胶作为复合壁材的微胶囊;刘小亚等使用麦芽糊精、HI – CAP 100 为壁材,对壁材种类及其浓度对海藻油微胶囊特性的影响进行了研究。研究结果表明,麦芽糊精和 HI – CAP 100 作为壁材所制备的微胶囊产品的表面油含量较低且包埋率较高,包埋效果明显优于其他壁材。本研究将使用明胶 – 羧甲基纤维素钠、明胶 – 阿拉伯胶、HI – CAP 100 – 明胶、HI – CAP 100 – 麦芽糊精为壁材,通过对比各组微胶囊包埋率、光学显微镜观察以及扫描电镜观察,确定最优壁材,并进一步探究制备韭菜籽油微胶囊的最佳工艺。

1.5.3　扫描电镜观察

通过扫描电镜对包埋后的微胶囊进行观察可以直观地观察到微胶囊包埋的效果,以及微胶囊的表面形态,从而对微胶囊的表征有较为直观的体现,进而对微胶囊制备过程中的问题有所了解。姜雪等人在探究酸枣仁油微胶囊的表征时,观察到微胶囊表面出现凹陷,探究其凹陷原因可能是由于喷雾干燥过程中,温度较高或是喷金过程中过高的真空所导致的。

1.5.4　微胶囊理化性质研究

（1）微胶囊抗氧化程度测定（滴定法）。

检测过氧化值的方法主要有滴定法、比色法或可以快速检测过氧化值的速测卡、试剂盒等。对于油脂过氧化值的检测，实验室一般使用国标中的滴定法进行检测。

（2）油脂食品的加速贮藏试验法。

由于油脂食品储存过程中受到光、热、氧气等因素的影响，造成油脂的酸败过程长短不一。故在评价油脂类贮藏稳定性过程中，常采用加速试验的方法，且其在比较各种油脂食品的耐贮性或观察抗氧化剂的效果等方面具有一定实际意义。其主要原理是通过对温度、湿度、氧气环境等条件的控制，通过提高保存环境中的温度、湿度以及氧气浓度来加速油脂的氧化过程。

常用的加速贮藏方法有烘箱法、活性氧试验法、氧吸收法、催化法等。殷春燕在制备黄刺玫籽油微胶囊后，利用烘箱法在 60 ℃ 的情况下对其进行了加速试验。在拉曼和红外光谱评估坚果油脂氧化的研究时，采用了拉曼光谱和傅里叶变换红外光谱（FT – IR）进行互补检测 8 种坚果油脂的氧化过程，并结合相应的化学计量学方法，建立四种氧化指标定量预测模型，完善了坚果油脂的快速检测、品质评价以及氧化指标对比。

（3）热重分析（TG）法。

TG 法是较为常用的进行综合热力分析的方法。热重分析是指在控制温度的条件下，测量样品的质量与温度变化关系的一种分析技术，常用来研究材料的热稳定性或通过失重分析其组分。梁博等在制备茶油微胶囊后，使用热重分析法对其热稳定性进行了测定。曹莹莹等使用差示扫描量热法对芥末油微胶囊进行了热力分析。

（4）红外光谱法（FTIR）。

FTIR 是通过比较芯材包埋前后红外光谱区吸收的特征差异来表征包埋物是否形成，若形成微胶囊，壁材分子间存在非共价键作用，其键能会减弱，相应基团吸收强度会变小。吕怡等通过红外光谱法对复聚物的化学键组成进行了系统的解释。

（5）ζ – 电位。

微胶囊的稳定性会影响到其芯材或主要位置是否受到影响，本试验也将通过 ζ – 电位来说明壁材与芯材的结合情况，对微胶囊稳定性进行观察分析。薛露用 ζ – 电位法来判断微胶囊在液体中溶解后是否能稳定均匀地分布在液体之中。

1.5.5　微胶囊释放特性研究——胃肠道模拟

微胶囊是一种将带有保护性和目的性物质的芯材在特定位点进行释放,以此来更加有效和更大程度地利用芯材物质,借此使芯材物质达到更好的效果。微胶囊的真正价值和芯材利用度在很大程度上是由胃肠道的释放和消化性能决定的。

食用油脂通常不易分散于食品体系,限制了其生理活性和加工性能。韭菜籽油富含不饱和脂肪酸,储存稳定性较差。微胶囊技术可以利用天然的或者合成的高分子包囊材料,将固体、液体或气体物质包埋在微小、半透性或密封的胶囊内,使内容物在特定条件下以可控的速率进行释放,可以将油脂转化为粉体,即粉末油脂。油脂粉末化后有利于其运输、贮藏和食用,可扩大油脂的使用范围,而且油脂微胶囊化后可防止油脂的氧化酸败。在保护核芯物质不被氧化的情况下也不会影响核芯物质本身的理化性质,能有效控制释放活性物质,因此被广泛应用于食品、医学、化妆品、纺织品等领域。

因此,以韭菜籽油为原料,制备具有良好稳定性和结构表征的微胶囊韭菜籽油可为韭菜籽油的综合利用奠定基础,对韭菜籽油微胶囊工业化生产、拓宽应用领域以及可持续发展具有重要的意义。

1.6　韭菜籽油相关科研试验研究

1.6.1　超临界 CO_2 萃取技术提取韭菜籽油工艺及抗氧化研究

韭菜籽油的提取方法与葱籽油、芹菜籽油、亚麻籽油基本相同。结合实验室已有设备条件,本节试验采用超临界 CO_2 萃取技术,使用超临界 CO_2 萃取装置萃取韭菜籽油,对韭菜籽中的有效成分进行萃取。影响韭菜籽萃取率的因素有:设备的萃取温度、萃取压力、萃取时间、分离压力、分离温度、夹带剂的选择及用量、一次的投料量、原料的粉碎粒度、CO_2 流量等。萃取压力、萃取温度和萃取时间为影响韭菜籽油萃取率的主要因素。因此本试验对这三个主要的影响因素进行研究。

将购买的袋装韭菜籽拆袋后先进行干燥,之后用小型粉碎机粉碎成粉状,过 20 目标准分样筛。用电子天平准确称重,记录韭菜籽粉的质量初始值,以备后续计算使用。实验室超临界装置萃取釜的规格为 2 L,分离釜的规格为 0.6 L。因此每次投料量应控制好,不宜过多,否则会导致萃取效果不佳,造成原料的浪费。HA120 – 50 – 02 型超临界二氧化碳流体萃取设备由江苏南通华安超临界萃取有限公司生产,设备主要由四部分组成,分别是二氧化碳储气罐、加压泵、制冷机、萃取工作台(包括仪表盘、萃取釜、分离釜Ⅰ、分离釜Ⅱ等)。设备的工艺流程如图 1.1 所示。

将称好的韭菜籽粉装入萃取釜中,打开超临界流体 CO_2 萃取装置,先进行预冷。打开 CO_2 进气通道,待制冷机预冷至所需温度且萃取温度、分离温度上升至设定温度,CO_2 即可被加热、加压变为超临界流体,流经萃取釜,对韭菜籽粉进行提取。超临界流体 CO_2 带着有效成分进入分离釜,经检样,与有效成分进行气液分离,CO_2 重新变为气体。有效成分进入收料筒,CO_2 进入管道回路得到循环再利用。试验每隔15 min,打开收料筒开关,小心接出韭菜籽油。韭菜籽油萃取率公式为

$$萃取率(\%) = \frac{韭菜籽油的质量(g)}{装料量(g)} \times 100\% \qquad (1.1)$$

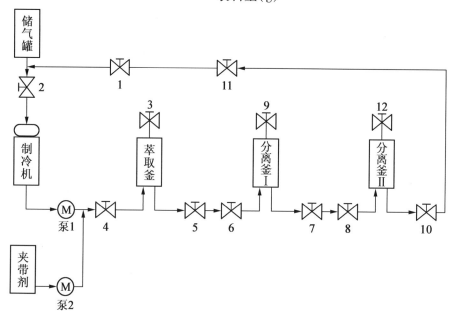

图 1.1　超临界萃取设备的工艺流程

1—回路阀(常开);2—CO_2 钢瓶入口阀;3—萃取釜排空阀;4—萃取釜进口阀;

5—萃取釜出口阀;6—萃取釜调压阀;7—分离Ⅰ出口阀;8—分离Ⅰ调压阀;

9—分离Ⅰ排空阀;10—分离Ⅱ出口阀;11—回路排空阀;12—分离Ⅱ排空阀;

泵 1—CO_2 加压泵;泵 2—副泵(将夹带剂泵入管道)

1. 韭菜籽油提取工艺的单因素影响。

初步选取萃取压力范围为 26～30 MPa,萃取温度范围为 35～55 ℃,萃取时间范围为 30～150 min,分别进行试验,以考究各个因素对韭菜籽油提取率的影响。分别以萃取压力、萃取温度和萃取时间为变量,以韭菜籽油萃取率为评价指标,确定韭菜籽油萃取率最高时所对应的萃取压力、萃取温度和萃取时间。单因素试验的因素及水平见表 1.2。

表 1.2　单因素试验的因素及水平

水平	因素		
	萃取压力/MPa	萃取温度/℃	萃取时间/min
1	26	35	30
2	27	40	60
3	28	45	90
4	29	50	120
5	30	55	150

具体步骤:先将韭菜籽干燥、粉碎后,过 20 目标准筛,之后每次称取 100 g,装袋备用。试验仅使用超临界装置的泵Ⅰ,未使用泵Ⅱ(夹带剂泵)。设备参数设置:CO_2 流量为 20 L/h,分离压力为 8 MPa,分离Ⅰ温度为 55 ℃,分离Ⅱ温度为 35 ℃(定量)。

考察萃取压力对韭菜籽油萃取率的影响:将萃取温度设置为 50 ℃,萃取时间设置为 90 min。改变萃取压力,分别设为 26 MPa、27 MPa、28 MPa、29 MPa、30 MPa 5 组,然后依次萃取,确定萃取率与萃取压力的关系,找到最佳的萃取压力。

考察萃取温度对韭菜籽油萃取率的影响:将萃取压力设置为 28 MPa,萃取时间设置为 90 min。改变萃取温度,分别设为 35 ℃、40 ℃、45 ℃、50 ℃、55 ℃ 5 组,然后依次萃取,确定萃取温度对萃取率的影响。

考察萃取时间对韭菜籽油萃取率的影响:将萃取压力设置为 28 MPa,萃取温度设置为 50 ℃。改变萃取时间,分别设为 30 min、60 min、90 min、120 min、150 min 5 组,然后依次萃取,找出合适的萃取时间。

2. 韭菜籽油提取工艺的响应面优化。

以得到的单因素试验结果为参考依据,确定使用 Box - Behnken 响应面优化试验设计的因素和水平值。对已知的 3 个因素:萃取压力、萃取温度、萃取时间,分别选取 3 个适宜的水平值充当自变量,韭菜籽油萃取率为因变量,又称响应值。使用 Design – Expert8.0.6 软件进行 Box – Behnken 设计,响应面 Box – Behnken 因素水平见表1.3。

表1.3　响应面 Box – Behnken 因素水平

编码值	试验因素		
	萃取压力/MPa	萃取温度/℃	萃取时间/min
−1	26	40	60
0	27	45	90
1	28	50	120

3.韭菜籽油的抗氧化活性测定。

(1)DPPH·自由基清除效果测定。

参考李海亮等的方法,将用无水乙醇配制好的质量浓度分别为 1 mg/mL、2 mg/mL、5 mg/mL、10 mg/mL、20 mg/mL 的韭菜籽油溶液,0.2 mmol/L 的 DPPH 溶液和无水乙醇溶液取出备用。使用之前需将以上试剂常温混匀。试验基本过程:分别取 1 mL 韭菜籽油溶液和 1 mL DPPH 溶液于试管,加盖橡胶塞,混匀后室温下避光反应 30 min,于 517 nm 波长处测定其吸光度值,记为 A_1;相同条件,同时测定 1 mL 韭菜籽油溶液与 1 mL 无水乙醇溶液在 517 nm 波长处的吸光度值,记为 A_2;测定 1 mL DPPH 溶液与 1 mL 无水乙醇溶液在 517 nm 波长处的吸光度值,记为 A_3,将试验平行做 3 组,取平均值并以维生素 C 溶液代替韭菜籽油溶液作为标准对照。DPPH·自由基清除率计算公式为

$$\text{DPPH·自由基清除率}(\%) = \frac{1 - (A_1 - A_2)}{A_3} \times 100\% \tag{1.2}$$

式中　A_1——1 mL 韭菜籽油溶液 +1 mL DPPH 溶液的吸光度值;

　　　A_2——1 mL 无水乙醇 + 1 mL 韭菜籽油溶液的吸光度值;

　　　A_3——1 mL 无水乙醇 + 1 mL DPPH 溶液的吸光度值。

(2)·OH 自由基清除效果测定。

试验过程类比刘春菊等的方法,反应体系中含 8.8 mmol/L H_2O_2 1 mL、9 mmol/L $FeSO_4$ 1 mL、9 mmol/L 水杨酸 – 乙醇溶液 1 mL 以及不同质量浓度梯度的韭菜籽油溶液 1 mL。H_2O_2 最后加入启动反应,37 ℃反应 30 min,测定 510 nm 波长处的吸光度值,记为 A_1;将韭菜籽油溶液换成蒸馏水作为空白对照同时进行检测,各梯度混合溶液的吸光度值

记为 A_0；由于油样自身也带有吸光度值，以 9 mmol/L FeSO$_4$ 1 mL、9 mmol/L 水杨酸 – 乙醇溶液 1 mL、不同质量浓度的样品溶液 1 mL 和无水乙醇 1 mL 作为对照组，记为 A_2。将试验平行做 3 组，取平均值，并以维生素 C 溶液代替韭菜籽油溶液作为标准对照。·OH 自由基清除率计算公式为

$$·OH\ 自由基清除率(\%) = \frac{1-(A_1-A_2)}{A_0}\times100\%\qquad(1.3)$$

式中　A_0——空白对照组的吸光度值；

　　　A_1——加入韭菜籽油溶液后的吸光度值；

　　　A_2——不加显色剂 H$_2$O$_2$ 韭菜籽油溶液自身的吸光度值。

（3）总还原力测定。

试验过程参考孙婕等的方法，将不同质量浓度的韭菜籽油溶液分别取 2 mL，加入 1% 的六氰合铁酸钾溶液 2 mL 和 0.2 mol/L PBS 溶液（pH 6.6）2 mL。混合均匀后 50 ℃水浴 20 min，之后向其中加入 10% 的三氯乙酸溶液 2 mL，振荡混匀，在 3 000 r/min 的条件下离心 10 min，取上清液 2 mL、蒸馏水 2 mL 和 0.1% 的氯化铁 0.4 mL 于试管内，摇匀后静置 10 min，测定其在 700 nm 波长处的吸光度值。将试验平行做 3 组，取平均值，并以维生素 C 溶液代替韭菜籽油溶液作为标准对照。

4. 试验结果与分析。

（1）超临界 CO$_2$ 萃取技术提取韭菜籽油的影响因素分析。

①萃取压力对韭菜籽油萃取率的影响。结果如图 1.2 所示。

由图 1.2 可得，萃取压力对韭菜籽油萃取率的影响较大。随着萃取压力的不断升高，韭菜籽油萃取率呈现出先增大后减小的分布规则。当萃取压力从 26 MPa 升高到 27 MPa 时，韭菜籽油萃取率也随之上升。当压力达到 27～28 MPa 时，韭菜籽油萃取率达到最高。当压力升至 29 MPa 时，韭菜籽油萃取率又会呈现下降趋势。萃取压力对萃取率的影响分为两个方面：一方面，萃取温度一定，压力升高会使 CO$_2$ 的密度随之增加，CO$_2$ 溶解能力增强，有利于提取；另一方面，密度大的 CO$_2$ 黏度也大，又会影响传质性能，导致萃取能力降低。另外，超临界仪器的压力越高，萃取得到的油脂成分也越复杂，选择性变差，影响后期成分的分析，且压力过高也会对设备造成能耗和损失。由图 1.2 得，压力为 27～30 MPa 时的萃取率几乎不变，考虑到成本及油脂性质方面的问题，本试验初步确定将萃取压力设为 27 MPa。

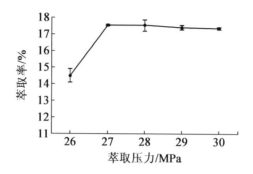

图 1.2　萃取压力对韭菜籽油萃取率的影响

②萃取温度对韭菜籽油萃取率的影响。结果如图 1.3 所示。

由图 1.3 可得,萃取温度对韭菜籽油萃取率有很大的影响。随着萃取温度的不断增长,韭菜籽油萃取率呈先增大后减小的变化趋势。当萃取温度从 35 ℃升高至 45 ℃时,韭菜籽油萃取率均呈上升趋势。当温度达到 45 ℃时,萃取率最高。当温度继续升高时,韭菜籽油萃取率有所下降。萃取温度对萃取率的影响也有两个方面:一是温度对 CO_2 流体密度的影响,萃取压力一定,温度低时,CO_2 密度高,对韭菜籽的溶解能力强;二是温度升高,分子热运动快,韭菜籽自身的溶解性增强,易于萃取。因此,温度的高低对韭菜籽油的萃取各有优势。但由于一般植物油脂中含有的不饱和脂肪酸较多,在温度过高的情况下易发生氧化变质,因此对萃取温度应有严格的要求。由单因素试验可得,将萃取温度定为 45 ℃,以便后续最佳萃取率的考察。

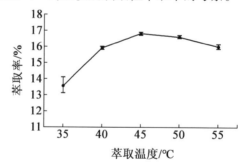

图 1.3　萃取温度对韭菜籽油萃取率的影响

③萃取时间对韭菜籽油萃取率的影响。结果如图 1.4 所示。

由图 1.4 可得,萃取时间是影响韭菜籽油萃取率的重要因素之一。当萃取时间为 30 min 时,韭菜籽油的萃取率相对较低,因为萃取时间过短,对韭菜籽的萃取不彻底,韭菜籽油的萃取率不高。当萃取时间达 90 min,韭菜籽油的萃取率不再增加,继续萃取也无意义。萃取时间过短,可能会造成部分油脂残留在超临界 CO_2 萃取装置的管道中,从而影响得率,也会使下一次萃取不准确。萃取时间过长,又会浪费物力、财力和时间,造成设备生产效率下降。找出萃取率最高时所对应的萃取时间,既节省时间又提高效率。通过该试验可知,萃取时间为 90 min,韭菜籽油的萃取率可达最高,可为响应面分析的依据。

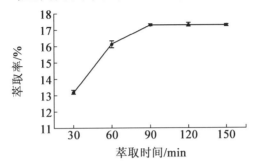

图 1.4　萃取时间对韭菜籽油萃取率的影响

(2)超临界 CO_2 萃取技术提取韭菜籽油的响应面设计。

①响应面设计模型与回归方程。以单因素试验结果作为基础,设置合适的水平,利用响应面 Box – Behnken 设计进行提取工艺的优化,以得到最优的组合,进而获取最佳的提取率。Box – Behnken 响应面设计及结果见表 1.4。

表 1.4　Box – Behnken 响应面设计及结果

试验号	因素			萃取率/%
	A	B	C	
1	−1	−1	0	12.57
2	−1	1	0	13.20
3	0	0	0	18.60
4	−1	0	−1	11.83
5	0	1	1	16.30
6	1	0	1	16.34
7	0	−1	−1	12.15
8	1	−1	0	14.70
9	−1	0	1	14.40
10	0	1	−1	13.79

续表 1.4

试验号	因素			萃取率/%
	A	B	C	
11	0	0	0	18.72
12	1	1	0	14.31
13	0	−1	1	15.82
14	1	0	−1	13.00
15	0	0	0	18.90

通过 RSM 程序对输入的数据进行二次回归响应分析,建立多元二次响应面回归模型。以得到的单因素试验结果为参考依据,使用 Box - Behnken 试验设计对试验所得数据进行分析,其多元二次回归方程为

$$R = 18.74 + 0.79A + 0.29B + 1.51C - 0.25AB + 0.19AC - 0.29BC - 2.83A^2 - 2.21B^2 - 2.01C^2 \tag{1.4}$$

式中,R 为韭菜籽油萃取率。

②多元二次模型分析。多元二次模型的方差分析见表 1.5。

表 1.5　多元二次模型的方差分析

方差来源	平方和	自由度	均方	F 值	P 值(Prob > F)
model	79.37	9	8.82	88.43	<0.000 1
A(萃取压力)	5.04	1	5.04	50.54	0.000 9
B(萃取温度)	0.70	1	0.70	6.98	0.045 9
C(萃取时间)	18.27	1	18.27	183.21	<0.000 1
AB	0.26	1	0.26	2.61	0.167 2
AC	0.15	1	0.15	1.49	0.277 2
BC	0.34	1	0.34	3.37	0.125 7
A^2	29.65	1	29.65	297.32	<0.000 1
B^2	18.05	1	18.05	181.04	<0.000 1
C^2	14.97	1	14.97	150.14	<0.000 1
残差	0.5	5	0.100		
失拟性	0.45	3	0.15	6.62	0.134 0

续表 1.5

方差来源	平方和	自由度	均方	F 值	P 值(Prob $>F$)
纯误差	0.046	2	0.023		
总方差	79.86	14			
$S=0.32$		$R^2=0.993\ 8$		$R^2_{\text{Adj}}=0.982\ 5$	

由表 1.5 可知,回归模型的相关系数 R^2 的值为 0.993 8,0.993 8 $>$0.95,失逆性的 P 值为 0.134 0,0.134 0 $>$0.05,失逆性不显著,该模型拟合显著,证实其拟合度较好,试验误差较小。因此,可以根据该模型对超临界流体 CO_2 萃取韭菜籽油的工艺优化条件进行推测。由回归模型各个相关系数的检验结果可以得出,对比各个系数的 P 值,发现一次项中 A、B、C 的 P 值都比 0.05 小,二次项中 A^2、B^2、C^2 的 P 值也都小于 0.05,就是指萃取压力、萃取温度和萃取时间对韭菜籽油的萃取率的影响均是显著的,并且 A、C 和 A^2、B^2、C^2 的 P 值均是小于 0.01 的,表明其显著性极高;而交互项 AB、AC、BC 的 P 值都比 0.05 大,即对韭菜籽油的萃取率的影响都不显著。由此判断,萃取压力、萃取温度和萃取时间三个因素对韭菜籽油萃取率均有显著影响,而两两因素的交互作用对韭菜籽油萃取率的影响表现不明显。

③两因素交互作用分析。结果如图 1.5~1.7 所示。

根据图 1.5~1.7 分析,二维等高线图即为三维响应曲面图在底面的投影图。由响应面等高线图可以更加直观地看出两两因素的交互作用对响应值即韭菜籽油萃取率的影响程度,等高线图中圆圈的形状可以反映两两因素之间交互作用的强弱,若是呈现椭圆形则表示两个因素之间的交互作用显著,若为圆形即不显著。通过观察右侧的三维响应曲面图,曲面的弯曲程度体现两因素对韭菜籽油萃取率的影响程度。斜坡越陡,表明两者的交互作用越显著。此外,三维响应曲面图的颜色也可以初步判断交互作用是否显著,从趋势变化的剧烈程度来看,变化趋势越大,颜色也相对更深。综合二维等高线图和三维响应面曲面图可得,AB、AC、BC 两两之间的交互作用不显著。

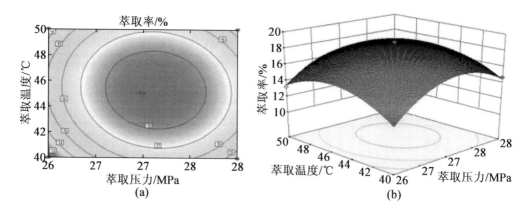

图 1.5 萃取温度与萃取压力对韭菜籽油萃取率影响的等高线和响应面图

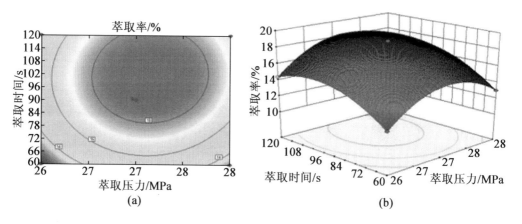

图 1.6 萃取压力与萃取时间对韭菜籽油萃取率影响的等高线和响应面图

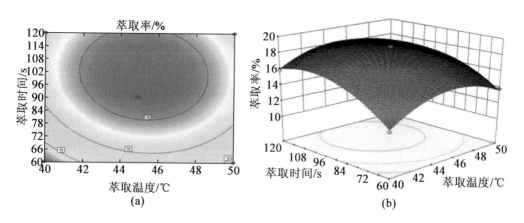

图 1.7 萃取温度与萃取时间对韭菜籽油萃取率影响的等高线和响应面分析图

④最优工艺条件与验证。由 RSA 程序分析可以得出,使用超临界萃取技术提取韭菜籽油的最佳工艺条件:$A = 27.15$,$B = 45.16$,$C = 101.40$,此时的 R 值为 19.092 2。根据实验室具体的操作条件,可得到的实际工艺参数分别为萃取压力 27 MPa,萃取温度 45 ℃,萃取时间 100 min,在此条件下超临界萃取韭菜籽油的得率为 19.09%。为了进一步验证响应面试验设计的可参考性和准确性,将超临界设备按上述优化的参数进行设定,相同条件萃取 3 次,计算出萃取率后取平均值,得 18.89%。该平均值比测得的理论值略偏小,在误差可承受范围内(相对误差 < 5%)。由此证明,响应面试验准确度高,可利用性强。

(3)韭菜籽油的抗氧化活性测定。

①韭菜籽油清除 DPPH・测定。结果如图 1.8 所示。

由图 1.8 可知,当韭菜籽油在质量浓度为 1 mg/mL 时,对 DPPH・自由基的清除率为 4.5%,在其质量浓度升到 20 mg/mL 时,清除率增大到 66.37%。可知韭菜籽油对 DPPH・自由基的清除率随质量浓度的增大而增强,但与天然的抗氧化剂维生素 C 相比,抗氧化效率相对较小。但韭菜籽油具有一定的抗氧化能力。

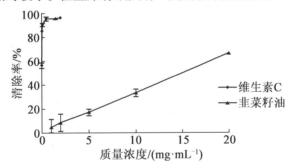

图 1.8　韭菜籽油 DPPH・自由基清除测定结果

②韭菜籽油清除・OH 测定。结果如图 1.9 所示。

由图 1.9 可知,在试验所测样品的质量浓度范围内,随着油样和维生素 C 质量浓度的升高,二者对・OH 的清除效率也随之增强。与维生素 C 相比较,韭菜籽油・OH 清除率相对不显著。质量浓度为 20 mg/mL 的韭菜籽油的・OH 清除率可达到将近 40%。结果表明,韭菜籽油具有抗氧化活性。

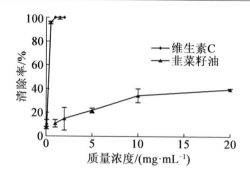

图 1.9　韭菜籽油·OH 清除测定结果

③韭菜籽油的总还原力测定。结果如图 1.10 所示。

由图 1.10 可知,以样品浓度对样品吸光度值作图,其抗氧化能力与吸光度值呈正相关,正如图中所反映的。维生素 C 溶液和韭菜籽油溶液的吸光度值均随质量浓度的增大而不断增加。只是韭菜籽油溶液吸光度的增加趋势较为缓慢一些。综合结果,体现出韭菜籽油具有一定的抗氧化能力。

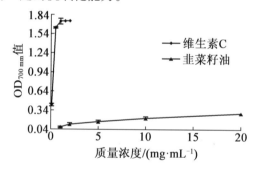

图 1.10　韭菜籽油总还原力测定结果

5. 小结

通过单因素试验寻找出萃取率最高时的单因素参数值为:萃取压力 27 MPa,萃取温度 45 ℃,萃取时间 90 min。以此为根据,萃取时间、萃取温度、萃取压力作为响应变量,韭菜籽油的萃取得率作为响应值,运用 Design – Expert 8.06 软件做响应面试验并分析。拟合的方程显著性好,残差的正态概率图基本呈直线分布。由多元二次回归方程相关系数的显著性大小可知,萃取得率的影响大小顺序为:萃取时间 C > 萃取压力 A > 萃取温度 B。最终结合实验室具体条件,验证得超临界 CO_2 技术萃取韭菜籽油的最佳工艺条件为:萃取压力 27 MPa,萃取温度 45 ℃,萃取时间 100 min,得到的最佳萃取率为 18.89%。

综合三种抗氧化试验方案的检测结果,可以看出样品韭菜籽油具有一定的抗氧化效果。造成韭菜籽油抗氧化活性不显著的原因除了与韭菜籽油本身的性质有关以外,还可能与购买的韭菜籽品种、放置时间有关。此外,韭菜籽油的保存不当、不新鲜也会造成试验结果的不标准,或许还受到韭菜籽油提取方法的影响,有待于进一步考证。

1.6.2　韭菜籽油微胶囊的制备及工艺优化

1. 壁材选择试验。

根据杜歌、陈静、杨莹等的试验方法稍作修改。

(1)乳状液的制备:称取一定量壁材置于烧杯中,水浴搅拌使其进行充分溶解。而后加入韭菜籽油,并在 12 000 r/min 条件下分散 3 min,制备成均匀的乳状液。

(2)复凝聚反应:将上述乳液在 40 ℃ 水浴下进行搅拌,加入 10% 乙酸溶液,将 pH 调节至壁材等电点附近,继续反应 15 min 后,用冰水快速冷却至 15 ℃ 以下。

(3)固化:用 10% 的氢氧化钠溶液将反应体系的 pH 调节至 6.0,加入一定量的谷氨酰胺转氨酶(Glutamine Transaminase,TG),保持 15 ℃ 左右的温度,固化 3 h。

(4)干燥:将制备好的微胶囊悬浊液静置分层,除去上清液,在 -4 ℃ 冰箱中进行冷冻,冷冻后样品经过冷冻干燥得到微胶囊粉末,或在进样温度 180 ℃、进样速度 15 mL/min 喷雾干燥器内进行喷雾干燥。

(5)单因素试验:选取 pH、壁材质量分数、壁材比以及芯壁比作为因素在各因素梯度下制备微胶囊并检测其包埋率。

2. 微胶囊表面油、总油及包埋率的测定。

参考杨艳红等的方法并稍作修改。

(1)韭菜籽油微胶囊表面油测定:准确称取 3 g 样品置于烧瓶中,分多次将 50 mL 石油醚加入烧杯中,每次倒入后均振荡 3 min。过滤并合并滤液,转移至干燥且已称重的烧瓶中,记空烧瓶质量为 M_1,在 60 ℃ 恒温水浴加热滤液,蒸出石油醚,直至表面油和烧杯的总质量不再变,称重记为 M_2,表面油含量记为 M_x,计算公式为

$$M_x = M_2 - M_1 \tag{1.5}$$

(2)韭菜籽油微胶囊总油测定:准确称取 3 g 样品至烧瓶中,记空瓶质量 M_3,加入 150 mL 石油醚进行萃取,60 ℃ 恒温水浴加热直至总油和烧瓶的总质量不再变化,称重记为 M_4,微胶囊总油含量记为 M_y,计算公式为

$$M_y = M_4 - M_3 \tag{1.6}$$

韭菜籽油微胶囊包埋率记为 $E(\%)$，计算公式为

$$E = \left(1 - \frac{M_x}{M_y}\right) \times 100\% \qquad (1.7)$$

根据各组壁材对韭菜籽油包埋率的测定结果，选定最优壁材组合，进行后续试验。

3. 微胶囊光学显微镜观察。

将制备的微胶囊制备成涂片，在光学显微镜下进行观察并记录照片。

4. 微胶囊扫描电镜观察。

取少量干燥后微囊粉末，粘于导电胶，吹去多余粉末并喷金，喷金厚度为 $100~\mu m$，在视野清晰且有代表性的条件下观察微胶囊形态。加速电压设定为 $10~kV$。

5. 响应面优化试验。

根据单因素试验结果，使用 Design Expert 11 软件进行结果分析。选择反应 pH、壁材比、芯壁比以及壁材质量分数作为响应面的 4 个因素变量，以韭菜籽油微胶囊包埋率为响应值，设计 Box – Behnken 试验方案，并对试验结果进行回归分析以及优化，各因素及水平见表1.6。

表1.6　响应面分析因素及水平

编码值	因素			
	A(pH)	B(壁材比)	C(芯壁比)	D(壁材质量分数/%)
−1	4.4	0.5	0.5	0.6
0	4.5	1	1	0.9
1	4.6	1.5	1.5	1.2

6. 结果与分析。

(1)壁材选择试验

①明胶 – 阿拉伯胶微胶囊单因素试验结果(图 1.11 ~ 1.13)。

由图 1.11 可知，明胶 – 阿拉伯胶微胶囊包埋率最高为 77.77%。pH、壁材质量分数、壁材比以及芯壁比均对微胶囊包埋率有着较为明显的影响。明胶的表面带电性取决于所处的 pH 环境，当明胶所处环境 pH 低于等电点时，其呈正电性，而阿拉伯胶是一种负电荷聚合物，当明胶与阿拉伯胶所带正负电荷越接近，添加量越接近，净电荷越少，凝聚反应越充分，复合凝聚效果越好，包埋率越高。如果壁材添加量过多，会出现壁材之间相互碰撞粘连的情况，降低包埋率。如果芯材添加量过多，可能会使包埋韭

菜籽油量过大,从而导致微胶囊不稳定的现象。

　　明胶–阿拉伯胶韭菜籽油微胶囊在光学显微镜下均为单核微胶囊(图1.12),未见多核微胶囊产生,微胶囊粒径不均匀,微胶囊数量较少,且粘连现象较多。

　　明胶–阿拉伯胶微胶囊冻干后扫描电镜如图1.13(a)所示,为不规则形态,外壁较为光滑。从外观看,其壁材粘连较为严重,可能是因为阿拉伯胶黏度较高,冻干过程中壁材迅速缩水从而造成壁材堆积在一起,故未呈现规则球状。明胶–阿拉伯胶微胶囊喷干后扫描电镜如图1.13(b)所示,呈较为规则的微球状,大小较不均匀,细致观察微胶囊表面不光滑,可能是由于微胶囊在喷雾干燥过程中迅速干燥,造成的微胶囊表面脱水不均匀所造成的。

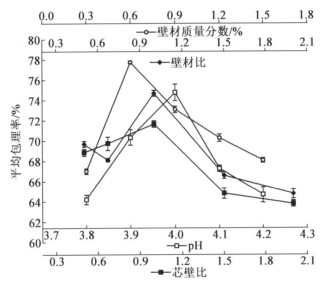

图 1.11　明胶–阿拉伯胶微胶囊壁材选择结果

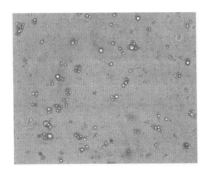

图 1.12　明胶–阿拉伯胶微胶囊光学显微镜图(50×)

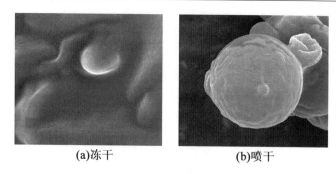

(a)冻干　　　　　　　　　(b)喷干

图1.13　明胶-阿拉伯胶韭菜籽油微胶囊扫描电镜图

②明胶-羧甲基纤维素钠(CMC)微胶囊单因素试验结果(图1.14~1.16)。

由图1.14可知,明胶-CMC微胶囊包埋率最高为87.4%。壁材质量分数、壁材比以及芯壁比均对微胶囊包埋率有着较为明显的影响。在制备微胶囊过程中,CMC较为难以溶解,所以当壁材质量分数超过0.9%时随着壁材质量分数的增加,CMC在溶液体系中溶解不完全,导致明胶无法反应完全,造成包埋率下降,故选用壁材质量分数为0.9%进行微胶囊制备。对于壁材比对微胶囊包埋率的影响来说,当两种壁材所带相反电荷数越接近,微胶囊的包埋率越高,故当壁材比为9∶1时微胶囊包埋率较其他壁材高。同时如果添加量过多,会出现壁材之间相互碰撞粘连的情况,降低包埋率。芯材添加量过多,可能会使包埋韭菜籽油量过大,从而导致微胶囊不稳定的现象。

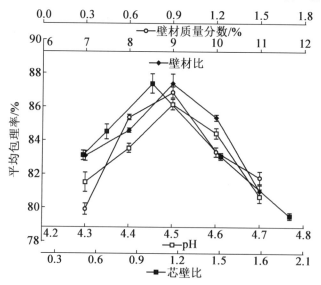

图1.14　明胶-羧甲基纤维素钠微胶囊壁材选择结果

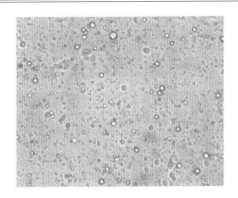

图 1.15　明胶 - 羧甲基纤维素钠微胶囊光学显微镜图

　　　　　　(a)　　　　　　　　　　　　　　(b)

图 1.16　明胶 - 羧甲基纤维素钠微胶囊扫描电镜图

　　明胶 - CMC 韭菜籽油微胶囊在光学显微镜下观察发现所制备的微胶囊中绝大部分为单核微胶囊,少量为多核微胶囊。微胶囊粒径大小不均匀,但微胶囊数量较多,有少量粘连现象发生。

　　如图 1.16(a)所示,明胶 - CMC 微胶囊冻干后样品呈不规则形状且外壁有少量较小的微胶囊出现,由于复凝聚法形成的微胶囊并非完全疏水,故其还含有一定量的水分,所以在未进行分散的干燥过程中微胶囊极易相互粘连变形。如图 1.16(b)所示,明胶 - CMC 微胶囊喷干后,所观察到的微胶囊多数呈规则球状,少量呈不规则形状,且有可见的破碎的微胶囊。其中,较为规则的球状微胶囊表面光滑,有较少数凹陷。微胶囊之间粘连性较大,聚堆现象严重。

　　③HI - CAP 100 - 明胶单因素试验结果(图 1.17 ~ 1.19)。

　　由图 1.17 可知,HI - CAP 100 - 明胶微胶囊包埋率最高为 47.13%。壁材质量分数、壁材比以及芯壁比均对微胶囊包埋率的影响较不显著,只有 pH 对微胶囊的影响略微显著,复凝聚法制备微囊过程中,囊材、芯材通过静电作用相互吸引,因此需要严格控制 pH,将溶液 pH 调至明胶等电点以下时,明胶分子带正电荷,在此 pH 下,HI – CAP 100 – Na 带负电荷,两者具有相反的电荷,从而相互交联形成复合物。但从总体来看,HI – CAP 100 – 明胶微胶囊包埋率整体水平都不高。

HI – CAP 100 – 明胶韭菜籽油微胶囊在光学显微镜下观察发现所制备的微胶囊中近似明胶 – CMC 微胶囊,大部分为单核微胶囊,少量为多核微胶囊。微胶囊粒径大小不均匀,有少量粘连现象发生。

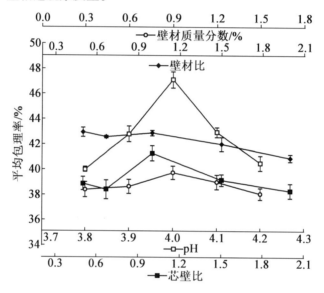

图 1.17　HI – CAP 100 – 明胶微胶囊壁材选择结果

图 1.18　HI – CAP 100 – 明胶微胶囊光学显微镜图

HI － CAP 100 － 明胶微胶囊冻干后扫描电镜如图 1.19（a）所示,外壁较为光滑,为不规则形态。从外观看,其壁材粘连较为严重,可能是因为胶体致使微胶囊黏度较高,冻干过程中壁材迅速缩水从而造成壁材堆积在一起,故未呈现规则球状。HI － CAP 100 － 明胶微胶囊喷干后扫描电镜如图 1.19（b）所示,有较多的球体,呈现规则的形状,但大小较不均匀,细致观察微胶囊表面较不光滑,可能是由于微胶囊在喷雾干燥过程中迅速干燥,表面脱水不均匀所造成的。

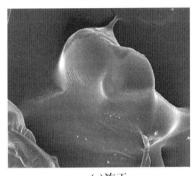 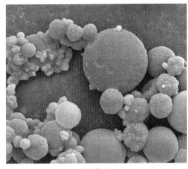

(a)冻干　　　　　　　　　　　(b)喷干

图 1.19　HI － CAP 100 － 明胶韭菜籽油微胶囊扫描电镜图

④HI － CAP 100 － 麦芽糊精单因素试验结果(图 1.20 ~ 1.22)。

由图 1.20 可知,HI － CAP 100 － 麦芽糊精微胶囊包埋率最高为 90.77%。壁材质量分数、壁材比以及芯壁比均对微胶囊包埋率有着较为明显的影响。在制备微胶囊过程中,HI － CAP 100 与麦芽糊精溶解较好,在壁材达到最高时,包埋率下降较为缓慢,故壁材质量分数在一定范围内均会使微胶囊保持较高的包埋率。壁材比超过 1:1 后,下降趋势不符合预期,可能因为试验操作等缘故造成数据不稳定。HI － CAP 100 可使乳液具有较低的黏度同时可以使液滴表面适当饱和,从而产生尺寸较小的液滴,絮凝速率通常较慢,具有更高的稳定性。

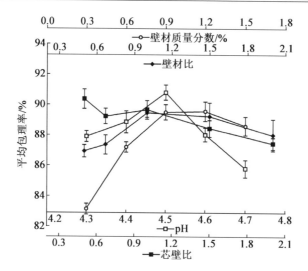

图 1.20　HI－CAP 100－麦芽糊精微胶囊壁材选择结果

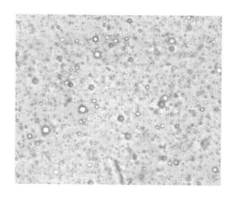

图 1.21　HI－CAP 100－麦芽糊精微胶囊光学显微镜图

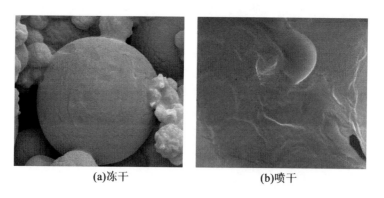

(a)冻干　　　　　　　　　　(b)喷干

图 1.22　HI－CAP 100－麦芽糊精微胶囊扫描电镜图

HI - CAP 100 - 麦芽糊精韭菜籽油微胶囊在光学显微镜下均为单核微胶囊(图 1.21),未见多核微胶囊产生,微胶囊粒径较为均匀,微胶囊数量较多,且粘连现象较少。

如图 1.22(a)所示,HI - CAP 100 - 麦芽糊精微胶囊冻干后呈较为规则的网络孔隙结构,其原因可能是 HI - CAP 100 是以淀粉为原料,在一定条件下在淀粉多糖长链上同时引入亲水羧酸基团和疏水烯基长链,所以其制备的乳液有较强的稳定性,当经过冻干时,可以形成较为规则的网络结构。如图 1.22(b)所示,HI - CAP 100 - 麦芽糊精微胶囊喷干后呈规则球形,单个微胶囊经喷干后并未见凹陷。部分微胶囊表面出现褶皱,可能是因为微胶囊壁材较厚,喷干过程中产生不均匀收缩所造成的。

⑤微胶囊壁材选择试验结果。

根据壁材包埋率、微胶囊形态观察、扫描电镜结果分析以及微胶囊的干燥方式的研究结果,选择 HI - CAP 100 - 麦芽糊精作为微胶囊壁材,采用喷雾干燥法作为微胶囊干燥方式进行后续试验。

(2)响应面试验设计及结果。

①响应面试验设计。

根据单因素试验结果,以反应 pH、壁材比、芯壁比以及壁材质量分数作为响应面的 4 个因素变量,以韭菜籽油微胶囊包埋率为响应值,设计 Box - Behnken 试验方案,并对试验结果进行回归分析及优化,Box - Behnken 设计响应面试验结果见表 1.7。

表 1.7　响应面试验结果

试验号	A(pH)	B(壁材比)	C(芯壁比)	D(壁材质量分数/%)	E(包埋率/%)
1	0	0	1	1	88.33
2	0	1	0	-1	84.97
3	0	0	1	-1	83.84
4	0	0	0	0	91.68
5	0	0	0	0	89.72
6	-1	0	-1	0	80.46
7	0	1	-1	0	83.77
8	0	0	0	0	88.73
9	0	0	-1	1	82.73
10	0	0	0	0	89.25
11	-1	0	0	-1	80.87

续表 1.7

试验号	A(pH)	B(壁材比)	C(芯壁比)	D(壁材质量分数/%)	E(包埋率/%)
12	0	1	1	0	88.24
13	−1	0	1	0	82.72
14	−1	1	0	0	82.69
15	1	0	−1	0	81.61
16	0	0	0	0	89.84
17	1	−1	0	0	86.03
18	1	0	1	0	89.30
19	0	−1	0	1	87.15
20	0	1	0	1	87.13
21	1	1	0	0	88.24
22	−1	−1	0	0	82.66
23	1	0	0	1	89.37
24	0	−1	0	−1	84.97
25	0	−1	−1	0	81.63
26	0	0	−1	−1	80.49
27	−1	0	0	1	82.68
28	0	−1	1	0	87.27
29	1	0	0	−1	83.29

②回归模型分析。

利用 Design – Expert 11 统计分析软件对 29 组不同因素组合条件下所得韭菜籽油的包埋率进行回归分析拟合,得到回归方程模型方差分析及回归方程系数估计值(表1.8)。

表 1.8 多元二次模型的方差分析

来源	平方和	自由度	均方差	F 值	P 值	差异性
Model	322.91	14	23.07	44.52	<0.000 1	显著
A(pH)	57.47	1	57.47	110.91	<0.000 1	＊＊
B(壁材比)	7.41	1	7.04	14.30	0.002 0	＊

续表1.8

来源	平方和	自由度	均方差	F 值	P 值	差异性
C(芯壁比)	70.13	1	70.13	135.35	<0.000 1	* *
D(壁材质量分数)	42.41	1	42.41	81.86	<0.000 1	* *
AB	1.19	1	1.19	2.29	0.152 2	不显著
AC	7.37	1	7.37	14.23	0.002 1	*
AD	3.55	1	3.55	6.86	0.020 2	*
BC	0.342 2	1	0.342 2	0.660 5	0.430 0	不显著
BD	4.24	1	4.24	8.19	0.012 6	*
CD	1.27	1	1.27	2.44	0.140 4	不显著
A^2	60.39	1	60.39	116.54	<0.000 1	* *
B^2	20.38	1	20.38	39.33	<0.000 1	* *
C^2	60.54	1	60.54	116.83	>0.000 1	* *
D^2	51.81	1	51.81	99.99	<0.000 1	* *
残差	7.25	14	0.518 1			
失拟项	2.24	10	0.224 0	0.178 7	0.987 5	
纯误差	5.01	4	1.25			
总和	330.17	28				

注:*表示差异显著($P<0.05$);* *表示差异极显著($P<0.001$)。

由表1.8可知,模型 $P<0.000 1$,回归方程模型达到极显著,表明数据可靠;决定系数 R^2 为0.978 0,R^2 大于0.95,表明只有2.2%的试验数据不适合预测模型,模型的校正系数 R^2_{Adj} 为0.956 1,表明模型可以解释95.61%的总体变异情况,回归模型相关性较高;失拟项 P 值为0.987 5>0.05,失拟项不显著,表明二次模型成立,该模型具有与实际试验良好的拟合性,试验误差小。二次多项回归方程为

$$包埋率(\%) = 89.80 + 2.19A + 0.785 8B + 2.24C + 1.88D + 1.36AC + 0.942 5AD -$$
$$1.03BD - 3.05A^2 - 1.77B^2 - 3.05C^2 - 2.83D^2 \tag{1.11}$$

由表1.8可知,pH、芯壁比、壁材质量分数对反应包埋率的影响达到了极显著的程度,而壁材比对包埋率的影响达到了显著的程度,pH 与芯壁比,pH 与壁材质量分数,壁材比与壁材质量分数之间的相互作用也达到了显著程度。

③微胶囊最佳工艺条件确定。

通过响应面分析可知,响应面曲面坡度陡峭,等高线呈椭圆形,当芯壁比、壁材质量分数处于低值与高值时,随着 pH 的增加,包埋率都先增加后减小,说明 pH 与芯壁比、pH 与壁材质量分数差异交互作用显著。当壁材比处于低值与高值时,随着壁材质量分数的增加,包埋率都先增加后减小,说明壁材比和壁材质量分数交互作用显著。二次多项回归模型中二次项 A^2、B^2、C^2、D^2 的系数均为负值,说明响应面开口向下方程有极大值。对回归方程求导,并令其等于零,可以得到曲面的最高点,即获得韭菜籽油微胶囊的最佳工艺条件:反应 pH 为 4.56,壁材比为 1.07:1,芯壁比为 1.28:1,壁材质量分数为 1.04%,在此条件下,韭菜籽油微胶囊预测包埋率可达 91.58%。

④验证型试验。

根据响应面优化的最佳工艺参数(反应 pH 为 4.56,壁材比为 1.07:1,芯壁比为 1.28:1,壁材质量分数为 1.04%),喷雾干燥制备韭菜籽油微胶囊,做 3 组验证试验,重复性较好,平均包埋率为 90.80%,与预测理论值差 0.78%,相对误差小于 1%,说明采用响应面法优化得到的最佳工艺参数可靠。

7. 小结。

分别采用明胶 - 阿拉伯胶、明胶 - CMC、HI - CAP 100 - 明胶以及 HI - CAP 100 - 麦芽糊精 4 种组合作为壁材,利用复凝聚法制备韭菜籽油微胶囊。以韭菜籽油微胶囊的包埋率、光学显微镜观察和扫描电镜结构表征为反应指标,在反应 pH、壁材质量分数、壁材比及芯壁比四种不同因素下,确定了最佳组合壁材为 HI - CAP 100 - 麦芽糊精,进而通过响应面试验设计,最终确定了韭菜籽油微胶囊最佳优化工艺条件:反应 pH 为 4.56,壁材比为 1.07:1,芯壁比为 1.28:1,壁材质量分数为 1.04%,在此条件下韭菜籽油微胶囊包埋率达到了 90.80%,对韭菜籽油深加工产品的综合开发和利用具有十分重要的意义。

1.6.3　韭菜籽粕提取物对韭菜籽油微胶囊理化特性及体外消化的影响研究

微胶囊化技术(Microencapsulation)可以利用天然或合成的高分子材料如多糖等,将固体、液体或者气体物质进行包埋、封存制成一种固体微粒产品或者微型胶囊,从而保护被包裹的物料,达到最大限度地保持原有的生物活性及控释效果等作用。其主要应用在食品、医学领域、纺织品、生活用品及化妆品中,尤其是在功能性油脂的保护方面起到了非常重要的作用。

韭菜籽是韭菜成熟后干燥的种子,是我国传统的中药材之一,兼具抗菌、抗氧化和抗癌特性,食用和药用价值极高。其主要含有硫化物、黄酮、甾体皂苷、多不饱和脂肪酸、膳食纤维、蛋白质、多糖等生物活性物质,在温补肝肾、健脾暖胃、止咳祛痰以及调经养身等方面有显著作用。鉴于当下"清洁标签"在食品生产中的重要性,以天然提取成分替代合成添加剂的方法一直深受人们的关注。目前关于天然植物蛋白、多糖代替合成添加剂作为微胶囊包埋壁材的研究有很多,而在韭菜籽产品生产中,韭菜籽粕提取物是其中的主要副产品,富含多糖、多肽、膳食纤维,具有很高的商业价值。

近年来,关于韭菜籽油的研究比较少,主要集中在提取和成分分析方面,鲜有关于韭菜籽副产品对韭菜籽油微胶囊理化性质影响方面的报道。因此本研究通过扫描电子显微镜观察,溶解性和流动性试验,热重分析、傅里叶变换红外光谱及体外模拟消化试验等,探究了韭菜籽粕提取物对韭菜籽油微胶囊微观结构、包埋率、储存稳定性、溶解性和流动性等理化特性的影响及对韭菜籽油在体外模拟消化道中释放情况的影响,以期为韭菜籽油的进一步开发利用提供理论依据。

1. 韭菜籽粕提取物的制备。

参考尹国友等的方法。韭菜籽粕与去离子水(液料比为1:15)置于超声仪中提取2 h,上清液醇沉、离心(4 000 r/min,20 min)、冻干后备用。

2. 韭菜籽油微胶囊的制备。

参考陈静等和曹莹莹等的方法,略做改动。称取一定量壁材置于烧杯中,水浴搅拌使其充分溶解(对照组加入韭菜籽粕提取物)。而后加入韭菜籽油,并在12 000 r/min条件下分散3 min,制备成均匀的乳状液。在40 ℃水浴下进行搅拌,加入10%冰乙酸溶液,调节pH至4.5反应15 min后,冷却。再用10%氢氧化钠溶液将反应体系的pH调节至6.0,加入一定量的TG酶,保持15 ℃左右的温度,固化3 h。将制备好的微胶囊悬浊液静置分层,除去上清液,然后在进样温度为180 ℃、进样速度为15 mL/min的喷雾干燥器内进行喷雾干燥。韭菜籽油微胶囊制备流程如图1.23所示。

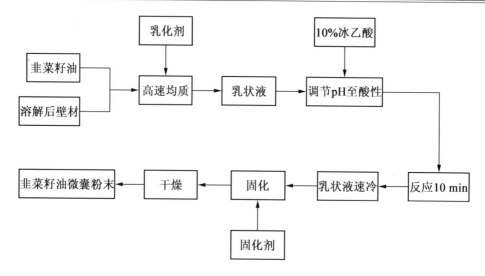

图 1.23　韭菜籽油微胶囊制备流程

3. 韭菜籽油微胶囊包埋率测定。

参考杨艳红等的方法。韭菜籽油微胶囊包埋率记为 $E(\%)$，计算公式为

$$E = \left(1 - \frac{M_x}{M_y}\right) \times 100\%$$

式中，M_x 为表面油质量，g；M_y 为微胶囊总油质量，g。

4. 韭菜籽油微胶囊理化性质研究。

（1）韭菜籽油微胶囊扫描电镜观察。

取少量干燥后微囊粉末，黏于导电胶，吹去多余粉末并喷金，喷金厚度为 100 μm，在视野清晰且有代表性的条件下观察微胶囊形态。加速电压设定为 10 kV。

（2）韭菜籽油微胶囊溶解性。

根据戚登斐等的方法并稍做修改。称取 5 g 韭菜籽油微胶囊溶于 50 mL 蒸馏水中，恒温搅拌 5 min，5 000 r/min 离心 5 min，取上清液于 90 ℃烘干，按照下式计算溶解度（Y），即

$$Y = \frac{m_1}{m_2} \times 100\% \tag{1.12}$$

式中　m_1——上清液干物质质量，g；

　　　m_2——韭菜籽油微胶囊样品质量，g。

（3）韭菜籽油微胶囊流动性研究。

将漏斗固定在支架上,并将微胶囊产品倒入漏斗中,使样品通过漏斗落在下面固定直径的圆盘上,逐渐累积粉末,直到产品不能继续堆积,按照下式计算休止角,即

$$\tan \theta = \frac{h}{r} \tag{1.13}$$

式中 θ——休止角,(°);

h——物料堆高度,mm;

r——圆盘半径,mm。

(4)光照对韭菜籽油微胶囊储存稳定性的影响。

①避光贮藏:将韭菜籽油微胶囊和韭菜籽油(未处理)分别置于棕色瓶中,室温避光保存,每 2 h 取样检测。

②光照贮藏:将韭菜籽油微胶囊和韭菜籽油(未处理)分别置于透明瓶中,室温自然光照保存,每 2 h 取样 1 次。

按《食品安全国家标准 食品中过氧化值的测定》(GB 5009.227—2016)中的滴定法测定过氧化值。

(5)韭菜籽油微胶囊热稳定性分析。

根据常馨月等的方法并稍作修改。采用同步热分析仪分析,加样量为 5 mg,升温范围为 50~400 ℃,升温速率为 20 ℃/min,氮气的流速为 20 mL/min,以空白铝盒为对照组。

(6)红外光谱分析。

根据王悦等的方法并稍作修改。溴化钾压片法分别对核芯、壁材进行红外光谱测试,测试光谱范围为 400~4 000 cm^{-1},扫描频率为 2 cm^{-1}。

(7)体外消化研究。

在模拟胃液、肠液消化的过程中,脂肪在脂肪酶的作用下释放游离脂肪酸(Free Fatty Acids,FFA),使体系的 pH 不断下降。利用氢氧化钠的消耗体积即可得出 FFA 的释放率。按照下式进行计算,即

$$FFA(\%) = \frac{V_{NaOH} \times C_{NaOH} \times M_{韭菜籽油}}{2 \times m_{韭菜籽油}} \times 100\% \tag{1.14}$$

式中 V_{NaOH}——消耗 NaOH 的体积,L;

c_{NaOH}——NaOH 的浓度,mol/L;

$M_{韭菜籽油}$——韭菜籽油的摩尔质量,g/mol;

$m_{韭菜籽油}$——2 g 微胶囊粉末中油脂的质量,g。

4.结果与分析。

（1）微胶囊 SEM 观察。

微胶囊颗粒的结构状态与微胶囊的流动性、保护芯材的能力密切相关。如图 1.24 所示，同未添加韭菜籽粕提取物的微胶囊相比，添加韭菜籽粕提取物的微胶囊颗粒，整个外形表面较圆整，形状规则，近球形，大小较不均匀，大部分颗粒表面光滑、致密、连续、无裂痕。

(a)未添加提取物　　　　　　　　　　(b)添加提取物

图 1.24　微胶囊扫描电镜图

（2）韭菜籽粕提取物对韭菜籽油微胶囊包埋率的影响。

添加韭菜籽粕提取物的微胶囊，经 5 次重复试验包埋率平均值为 93.272%；未添加韭菜籽粕提取物的微胶囊包埋率平均值为 90.808%。说明添加韭菜籽粕提取物对微胶囊包埋率有一定影响。

（3）韭菜籽粕提取物对韭菜籽油微胶囊稳定性的影响。

①60 ℃、室温条件下对韭菜籽油稳定性的影响。结果如图 1.25、图 1.26 所示。

由图 1.25 可知，当处于 60 ℃贮藏条件下，韭菜籽油微胶囊化可以有效地降低韭菜籽油氧化的程度。添加韭菜籽粕提取物和未添加韭菜籽粕提取物的韭菜籽油微胶囊，均能有效增强韭菜籽油的稳定性，不易氧化酸败。韭菜籽油经包埋后，由于有壁材包覆，减少了韭菜籽油与氧气的接触，从而降低了韭菜籽油的氧化程度。由图 1.26 可知，当处于室温条件下，韭菜籽油微胶囊同样可以有效地降低韭菜籽油的氧化程度，而与添加韭菜籽粕提取物的微胶囊相比，未添加韭菜籽粕提取物的微胶囊氧化程度降低得更多，更为稳定。

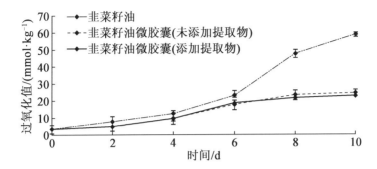

图 1.25　60 ℃条件下添加提取物与微胶囊化对韭菜籽油稳定性的影响($n=5$)

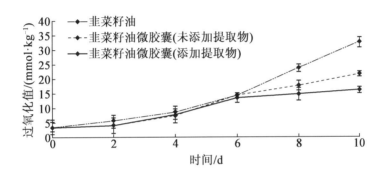

图 1.26　室温条件下添加提取物与微胶囊化对韭菜籽油稳定性的影响($n=5$)

②光照、避光条件下对韭菜籽油稳定性的影响。结果如图 1.27、图 1.28 所示。

由图 1.27 可知,当在光照条件下时,微胶囊化可以有效地减少韭菜籽油氧化程度。光照会破坏油脂中不饱和双键结构,微胶囊化可降低光照对不饱和双键结构的破坏,故微胶囊化可有效降低油脂的氧化程度。由图 1.28 可知,在避光条件下,添加韭菜籽粕提取物的微胶囊壁材与未添加的相比更为稳定,能较大程度抑制韭菜籽油的氧化。

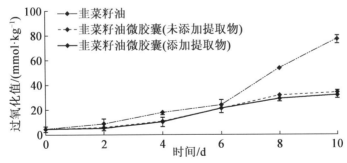

图 1.27　光照条件下添加提取物与微胶囊化对韭菜籽油稳定性的影响($n=5$)

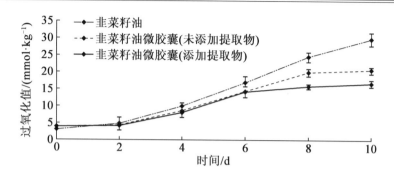

图1.28   避光条件下添加提取物与微胶囊化对韭菜籽油稳定性的影响($n=5$)

（4）韭菜籽油微胶囊溶解性分析。

根据江连洲等的研究,微胶囊溶解性与微胶囊的粒径相关,微胶囊粒径越小,微胶囊溶解性越好。经试验表明,添加韭菜籽粕提取物的微胶囊溶解度为92.79%;未添加韭菜籽粕提取物的微胶囊溶解度为89.37%。添加韭菜籽粕提取物的微胶囊溶解性提高的原因可能是提取物中的多糖、蛋白质等成分利于微胶囊的溶解。

（5）韭菜籽油微胶囊流动性。

微胶囊粉末流动性越好,其休止角越小,当休止角为30~45°时,粉末流动性较好,休止角大于60°时粉末流动性较差。添加韭菜籽粕提取物的韭菜籽油微胶囊休止角为41.62°±0.46°,未添加韭菜籽粕提取物的韭菜籽油微胶囊休止角为45.47°±0.37°。因此可以判断制备得到的韭菜籽油微胶囊有较好的流动性和分散性,且添加韭菜籽粕提取物的微胶囊优于未添加韭菜籽粕提取物的微胶囊。

（6）韭菜籽油微胶囊热稳定性分析。

由图1.29可知,通过热重测试分析可知,韭菜籽油微胶囊在180 ℃前出现明显的平缓区,此时残留在微胶囊中的水分以及一些挥发性物质或小分子物质溢出并被干燥,此阶段损失率为6%左右。当温度达到200 ℃时,明显可见添加韭菜籽粕提取物的微胶囊较快地失重,下降趋势出现一个略微平缓区。而未添加韭菜籽粕提取物的微胶囊几乎不可见平缓区。当温度达到230 ℃左右时未添加韭菜籽粕提取物的微胶囊开始较快地失重,而添加韭菜籽粕提取物的微胶囊在250 ℃才开始较快地失重。通过分析,此时应是壁材被消耗所造成的样品快速失重。当温度达到320 ℃左右时,2种微胶囊均出现了一个较为平缓的失重曲线,此处应是壁材基本被完全分解,韭菜籽油开始被分解。在500 ℃左右韭菜籽油基本被完全分解,热稳定性曲线趋于平缓,样品基本被完全分解。总之,随着温度的升高,添加韭菜籽粕提取物的微胶囊最大失重率降低。

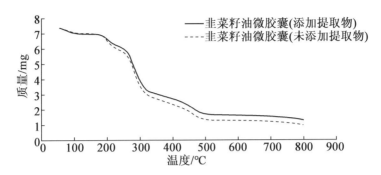

图 1.29　添加韭菜籽粕提取物对微胶囊热重损失率的影响

（7）红外光谱分析。

由图 1.30 可知，韭菜籽油图谱中可见约 1 700 cm^{-1} 吸收峰，为 C＝O 及 C＝C 特征吸收峰，可以判断其为不饱和脂肪酸。另外，韭菜籽油图谱中可见 2 900 cm^{-1} 吸收峰，为 C—H 伸缩振动区。韭菜籽油、未添加提取物微胶囊和添加提取物微胶囊的图谱中都可见 1 100～1 400 cm^{-1} 区域吸收峰，为 X—H 面内弯曲振动及 X—Y 伸缩振动区，为脂肪烃，说明微胶囊化效果较好，为理想壁材，证明了微胶囊的形成，微胶囊化效果好，包埋成功。添加提取物微胶囊和未添加提取物微胶囊的图谱具有很高的相似性，略有区别之处就是在 2 700 cm^{-1} 和 1 100 cm^{-1} 区域，添加韭菜籽粕提取物的吸收峰强度有所降低，包埋效果略有提升。

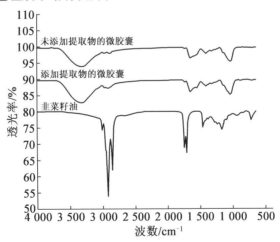

图 1.30　添加提取物与微胶囊化的韭菜籽油红外光谱分析结果

（8）体外模拟消化结果。

如图1.31所示,韭菜籽油微胶囊在体外模拟试验中表现出良好的缓释特性。在含有胰酶的模拟肠液(Simulated Intestinal Fluid, SIF)中,消化120 min时,由于复溶后的壁材在酸性环境中发生了絮凝,阻止了胃蛋白酶与蛋白特异性位点的接触,导致消化速率偏低,所以FFA释放率为21.85%。随后进入含有胃蛋白酶的模拟胃液(Simulated Gastric Fluid, SGF),消化240 min时,FFA释放率显著增加,可达71.85%,这是由于在碱性环境中,胰蛋白酶水解了壁材,破坏了蛋白质-多糖的交联作用,降低微胶囊结构的致密度,可能导致壁材表面出现一些空隙,增加芯材的渗出损耗。从整体来看,同比未添加韭菜籽粕提取物的微胶囊,添加韭菜籽粕提取物的FFA释放率有所提高,表明韭菜籽粕提取物在一定程度上可以使韭菜籽油在体外肠道内得到有效释放,提高韭菜籽油的生物利用率。

5. 小结。

在本章研究中,以韭菜籽油为芯材,以HI-CAP 100-麦芽糊精作为组合壁材,通过复凝聚法成功制备了韭菜籽油微胶囊。通过对比分析发现,添加韭菜籽粕提取物的微胶囊颗粒形状规则,表面较光滑、致密,并将微胶囊的包埋率从90.808%提升至93.272%,可有效提高韭菜籽油微胶囊的溶解性和流动性以及降低微胶囊的过氧化值,抑制韭菜籽油的氧化。体外消化试验结果发现,添加韭菜籽粕提取物的韭菜籽油微胶囊的FFA释放率同比未添加韭菜籽粕提取物的微胶囊有所提高,可以初步判断韭菜籽粕提取物能使韭菜籽油在肠道内更有效释放,提高了韭菜籽油在人体内的生物利用率。

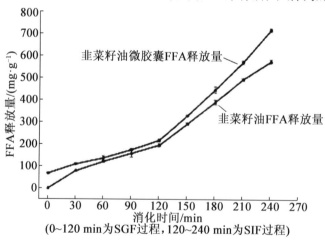

图1.31　韭菜籽油微胶囊在SGF和SIF中FFA的释放率($n=5$)

1.6.4　韭菜籽油手工皂的制作及其理化性质和品质分析

肥皂的主要功能是用于去除生活用品或者人体皮肤上的污物,达到清洁、除菌的目的。近些年来,洗手液、沐浴露等洗涤产品冲洗时耗费的水量比较大,不仅会造成浪费,而且由于这些产品中含有许多化学试剂,还可能会造成污染。手工皂对环境友好,在与水接触大约 24 h 以后会被细菌分解为二氧化碳和水,所以制皂过程在经济上可持续发展。因此,具有某些功能的精油/植物油添加到手工皂中的研究逐渐发展起来。如 Thorpe 等在制作肥皂的过程中利用少量或大量的植物油生产出了高质量的产品。Nchimbi 等的研究表明皂化值较高的种子油可以用于制皂。Mohammed 等采用冷加工工艺,用印楝油和大豆油的混合物制备肥皂并对其性能进行检测,结果表明制备的肥皂性能较好。

李超、周玉新、林小华分别采用微波提取、超临界 CO_2 萃取和索氏法等方法对韭菜籽中的含油量进行研究,发现韭菜籽中的含油量比较高,为 10% ~22% ,具有防止细胞老化、增强记忆力和改善思维等作用,而体外抑菌试验和抗氧化活性研究证实韭菜籽油具有一定的抑菌活性和抗氧化性能。目前对于韭菜籽油的研究主要围绕韭菜籽油的提取和成分分析等方面,还没有在其他方面加以开发和研究。

因此,本研究尝试将韭菜籽油应用到手工皂的制备中,用冷制法制皂,并对手工皂成品的理化性质进行检测,对制皂过程中的关键工艺参数进行优化,为韭菜籽油的开发提供新的思路。

1. 皂化值和碘值的测定。

(1)皂化值测定。

用电子天平准确称取韭菜籽油 2 g,置于带有磨砂口的 250 mL 圆底烧瓶中,吸取 25 mL 氢氧化钾 – 乙醇溶液加入烧瓶中,接上回流冷凝管,置于沸水浴中加热回流,以保证其充分皂化。当圆底烧瓶内溶液无明显油珠后取下回流冷凝装置,在烧瓶中加入 2 ~3 滴酚酞指示剂,用 0.5 mol/L 盐酸标准溶液滴定至红色消失。在同一条件下不加韭菜籽油做空白试验,以测定结果的算数平均值为最终结果。试验方法参考《动植物油脂　皂化值的测定》(GB/T 5534—2008),计算公式为

$$皂化值 = \frac{c(V_0 - V_1) \times 56.1}{m} \tag{1.15}$$

式中　c——盐酸标准溶液的浓度;

　　　V_0——空白试验所消耗盐酸标准溶液的体积;

V_1——为试样消耗盐酸标准溶液的体积；

56.1——氢氧化钾的摩尔质量；

m——样品质量。

（2）碘值的测定。

称取 0.10 g 韭菜籽油样品于锥形瓶中，加入 20 mL 溶剂溶解，再加入 25 mL 韦氏试剂，盖好塞子，摇匀后放在暗处。放置 1 h 后，依次加入 20 mL 碘化钾溶液和 150 mL 水，用标定过的硫代硫酸钠滴定至黄色消失，加 2~3 滴淀粉溶液后继续滴定至蓝色消失。同时做空白试验和平行试验，以测定的算数平均值为测定结果。试验方法参考《动植物油脂　碘值》（GB/T 5532—2008）动植物油脂碘值的测定，计算公式为

$$碘值 = \frac{12.69 \times c \times (V_1 - V_2)}{m}$$ （1.16）

式中　c——硫代硫酸钠标准溶液的浓度；

V_1——空白试验消耗硫代硫酸钠标准溶液的体积；

V_2——样品试验消耗硫代硫酸钠标准溶液的体积；

m——试样的质量。

2. 基础油脂的选择。

手工皂大多数选择天然的植物油脂作为原料，也可以选择动物油脂，但是动物油脂容易堵塞毛孔，因此选择植物油脂来作为基础油脂。油脂的配方关系到手工皂成品的质量和成本，且不同的油脂制成的成品性能也不同，因此在制皂时可选择不同的油脂混合，以保证成品的功能性。油脂主要由脂肪酸组成，而脂肪酸的性质和含量决定着油脂的性质。用皂化值和碘值的差作为油脂的硬度值（Iodine Number Saponification，INS），将油脂分为固性油脂和软性油脂两类。一般制皂时常用硬性油脂和软性油脂搭配，这样有利于制成硬度适中、功能性强的产品。油脂评分标准见表 1.9。

表 1.9　油脂评分标准

项目	满分	评分标准
INS 值	30	120 以上为 30 分，100~120 为 20 分，100 分以下为 10 分
去污力	20	强为 20 分，较强为 15 分，较弱为 10 分，弱为 5 分
起泡力	20	强为 20 分，较强为 15 分，较弱为 10 分，弱为 5 分
保湿性	20	强为 20 分，较强为 15 分，较弱为 10 分，弱为 5 分
保存性	10	长为 10 分，一般为 6 分，短为 3 分

参考田文妮等的方法,对常见的用于制皂的基础油脂进行选择,按照表1.10进行评分。

表1.10　油脂评分

油脂	INS值	分值	去污	分值	起泡	分值	保湿	分值	保存	分值	总分
椰子油	258	30	强	20	强	20	较弱	10	长	10	90
橄榄油	109	20	强	20	较强	15	强	20	长	10	85
棕榈油	145	30	强	20	较弱	10	较强	15	长	10	85
棕榈核油	227	30	较强	15	较强	15	较强	15	长	10	85
可可脂	157	30	较弱	10	较强	15	强	20	一般	6	81
乳木果油	116	20	较强	15	较弱	10	强	20	一般	6	71
白油	115	20	较弱	10	较强	15	较强	15	一般	6	66

3. 单因素试验设计。

(1)韭菜籽油的添加量对手工皂的影响。

以手工皂中甘油浓度为依据,将韭菜籽油的添加量设置为0、6.3%、11.8%、16.7%、21.1%、25% 6个梯度,选择最佳油脂量。

①甘油标准曲线测定。准确称取1 g甘油,加入99 g蒸馏水,振荡使其溶解,制成质量分数为1%的甘油溶液。按照此法,配制质量分数分别为0、1%、2%、3%、4%、5%、6%的甘油溶液。在7支离心管中依次加入6 mL 5%的氢氧化钠溶液、3 mL 3%的硫酸铜溶液和3.2 mL不同浓度的甘油溶液。离心10 min,取上层清液,在630 nm处测其吸光度。得到标准曲线方程和回归方程。

②手工皂甘油含量测定。对不同配方制成的韭菜籽油手工皂进行甘油含量测定,采用蔡贝虹等的方法。准确称取5 g手工皂于烧杯中,加入49 g蒸馏水,放入70 ℃的水浴锅中使其加热溶解。在离心管中依次加入6 mL 5%的氢氧化钠溶液、3 mL 3%的硫酸铜溶液和3.2 mL的皂液,离心后取上清液测其吸光度,代入回归方程中,计算手工皂中甘油含量。

(2)皂化温度测定。

将皂化温度设置为5个梯度:30 ℃、40 ℃、50 ℃、60 ℃、70 ℃。根据手工皂成品的总游离碱含量和水分及挥发物含量,选择皂化温度。

①水分及挥发物含量的测定。对不同碱水比制成的韭菜籽油手工皂进行水分及挥发物含量的测定,测定方法参考《肥皂试验方法 肥皂中水分和挥发物含量的测定 烘箱法》(QB/T 2623.4—2003)。具体操作:将玻璃棒置于蒸发皿中,在蒸发皿中放入硅砂10 g,一起放入烘箱内干燥,温度控制在(103±2)℃,然后放入干燥器中冷却30 min后称重。称取5 g样品于蒸发皿中,用玻璃杯将样品与硅砂搅拌混合,放入烘箱内,1 h后取出冷却,将样品用玻璃杯压碎呈粉末状,再次放入烘箱内,3 h后取出,放入干燥器内冷却至室温并称重,同时做3次平行试验。然后根据以下公式计算手工皂中水分和挥发物的含量,即

$$水分和挥发物含量(\%)=\frac{m_1-m_2}{m_1-m_0}\times100\% \tag{1.17}$$

式中　m_1——蒸发皿与玻璃棒的质量和试验样品加热前的质量,g;

　　　m_2——蒸发皿与玻璃棒的质量和试验样品加热后的质量,g;

　　　m_0——蒸发皿与玻璃棒的质量,g。

②总游离碱含量的测定。对不同的碱水比制成的手工皂成品进行总游离碱含量的测定,方法参考《肥皂试验方法 肥皂中总游离碱含量的测定》(QB/T 2623.2—2020)。取适量试样于带磨砂口的锥形瓶中,加入100 mL质量分数为95%的乙醇,连接回流冷凝装置,置于水浴锅中使肥皂溶解,准确加入3 mL硫酸标准溶液,继续加热10 min左右,取出后用KOH-乙醇标准溶液进行滴定至出现淡粉色且维持30 s不变色。同时做空白试验以便滴定时对照颜色变化。计算公式为

$$总游离碱含量(\%)=\frac{0.040\times(V_0\times c_0-V_1\times c_1)}{m}\times100\% \tag{1.18}$$

式中　0.040——氢氧化钠的毫摩尔质量,g/mmol;

　　　V_0——加入硫酸标准溶液的体积,mL;

　　　c_0——硫酸标准溶液的浓度,mol/L;

　　　V_1——消耗的氢氧化钾-乙醇溶液的体积,mL;

　　　c_1——氢氧化钾-乙醇标准溶液的体积,mL。

(3)水碱比的测定。

将水的添加量设为NaOH的1.1倍、1.4倍、1.7倍、2.0倍、2.3倍、2.6倍。同时以手工皂成品的总游离碱、水分及挥发物含量为依据,选择最佳水碱比。

(4)搅拌时间的确定。

将搅拌时间设置为6个梯度:2 min、4 min、6 min、8 min、10 min、12 min。通过感官

评价选择最适宜搅拌时间。对不同搅拌速度制成的韭菜籽油手工皂进行感官评价。主要从产品外观、pH、泡沫量、清洁力四个方面评价皂基品质,从而来制定评分标准。总分为 100 分,具体的评价指标和对应的分数值见表 1.11。

表 1.11　手工皂品质评价量化

指标	指标描述	分值
外观	皂体外观不平整,皂粉较多,有气孔	10
	皂体外观完整,皂粉较少,有气孔	20
	皂体外观平整,无皂粉,无气孔	30
pH	8.0～9.0	15
	9.0～10.0	10
	≥10.0	5

续表 1.11

指标	指标描述	分值
泡沫量	泡沫丰富	30
	泡沫量较少	20
	无泡沫	10
清洁力	清洁力强,较滋润	25
	清洁力较强,较滋润	15
	清洁力不强,不滋润	5

(5)正交试验设计。

在单因素的基础上进行四因素三水平正交试验,见表 1.12。

表 1.12　正交试验因素及水平

试验号	因素			
	韭菜籽油添加量/%	水碱比	皂化温度/℃	搅拌时间/min
1	6.3	1.1:1	40	10
2	11.8	1.4:1	50	12
3	16.7	1.7:1	60	14

4.结果与分析。

（1）皂化值与碘值的确定。

韭菜籽油的皂化值为189.2，碘值为101.7，即韭菜籽油的INS值为87.5。硬度值的大小决定了手工皂成品的硬度是否适中，INS值越低表示皂体越软，INS值越高表示皂体越硬，通常120～160是理想的硬度值。所以韭菜籽油的硬度较低，不适合单独用于制皂。因此需要用一些硬度较大的油脂来搭配，制作出软硬适当的手工皂。

（2）基础油脂的选择。

根据表1.11，评分最高的油脂为椰子油，其清洁力很强且泡沫丰富，在皂中的添加量一般为20%～30%。本试验采用29.4%其次是橄榄油，保湿性很强，是天然的保湿剂，通常用在手工皂的制作中不限制其使用比例，本试验采用29.4%。然后是棕榈油，棕榈油性质温和，来源较丰富且价格较低，一般在皂中的使用比例是20%～30%，本试验采用29.4%，对于制皂来说，也是非常实用的一种油脂。

（3）韭菜籽油添加量的确定。

甘油具有良好的滋润保湿功能，因此其含量可以作为衡量手工皂性能的一项重要指标。测定手工皂中甘油的含量能确保手工皂的品质，所以通过测定韭菜籽油手工皂中甘油的含量来确定最佳韭菜籽油添加量。如图1.32所示，当韭菜籽油添加量为16.7%时，甘油含量最高，所以确定韭菜籽油添加量在16.7%左右最适宜。

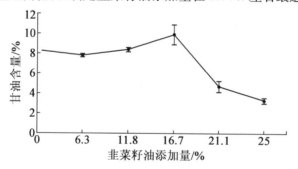

图1.32 韭菜籽油添加量对甘油含量的影响

（4）皂化温度的确定。

皂化温度过高，会导致植物油脂中一些营养物质的损失，且会影响手工皂中水分及挥发物的含量；皂化温度过低，使得皂化反应过缓，在相同的成熟期中游离碱含量较高。因此，皂化温度是制皂时必须要考虑的一个因素。如图1.33所示，随着温度的增加，水分及挥发物含量先减少后增加，在50 ℃左右时，水分及挥发物含量最低，在

12%左右,符合国家标准。另外,随着温度的升高,总游离碱含量先增加后减少,在50 ℃左右总游离碱含量最低,故确定皂化温度在50 ℃左右最适宜。

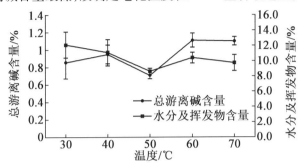

图1.33　温度对水分及挥发物、总游离碱含量的影响

(5)水碱比的确定。

制皂时加入的氢氧化钠不能完全与油脂发生皂化反应,皂中就会产生游离碱,对皮肤的刺激性很大。含水量多的皂,容易发生变形,含水量低,则皂体过硬,对使用感造成一定影响,故需要对研制出的手工皂的游离碱和水分及挥发物含量进行测定。不同的水碱比会对皂中的游离碱含量和水分及挥发物含量产生较大影响。如图1.34所示,随着水量的增加,水分及挥发物含量先增加后减少,而且水分含量全部小于13%左右,远远低于国家标准。随着水量的增加,总游离碱含量总体呈上升趋势,在1.1倍水和1.4倍水处总游离碱含量相同,但在1.1倍水处手工皂成品有轻微裂痕,所以选择1.4倍水。而1.4倍水的水分及挥发物含量在7%左右,符合国家标准,因此确定水碱比在1.4倍左右最适宜。

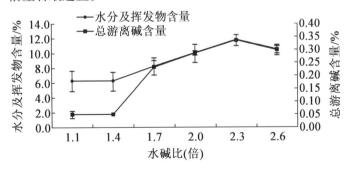

图1.34　碱水比对水分及挥发物和游离碱含量的影响

（6）搅拌时间的确定。

如图1.35所示，搅拌时间对手工皂成品的感观评分影响较大，在搅拌时间为10 min时手工皂成品表面无皂粉产生，通过感官评分当搅拌时间为12 min时使用感最好，所以确定搅拌时间在12 min左右最适宜。

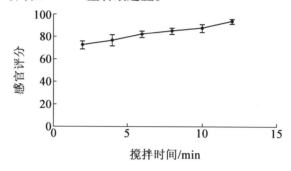

图1.35　搅拌时间对手工皂成品的影响

（7）正交试验。

正交试验设计及结果见表1.13，方差分析结果表明 $F_B = 6.434 > F_{0.01(2,18)} = 6.01$，即因素 B 对水分及挥发物影响极显著，因素 A、B、C 影响不显著，可得出最佳组合为 $A_1B_1C_3D_1$；各因素对总游离碱含量的影响大小为水碱比＞韭菜籽油添加量＞皂化温度＞搅拌时间。由于 $F_A = 209.316 > F_{0.01(2,18)} = 6.01$，$F_C = 18.917 > F_{0.01(2,18)} = 6.01$，$F_D = 58.746 > F_{0.01(2,18)} = 6.01$，所以认为因素 A、C、D 对总游离碱含量影响极显著，因素 B 影响不显著，可得出最佳组合为 $A_1B_1C_3D_1$；各因素对甘油含量的影响大小为韭菜籽油添加量＞皂化温度＞搅拌时间＞水碱比。又可知 $F_A = 57.279 > F_{0.01(2,18)} = 6.01$，$F_B = 74.022 > F_{0.01(2,18)} = 6.01$，因此认为因素 A、B 对甘油含量影响极显著，因素 C、D 影响不显著，可得出最佳组合为 $A_1B_1C_3D_2$。由总游离碱含量即总挥发物含量得出最佳组合为 $A_1B_1C_3D_1$，由甘油含量得出最佳组合为 $A_1B_1C_3D_2$，而因素 D 对甘油含量影响不显著，故选择最佳组合为 $A_1B_1C_3D_1$。综上所述，韭菜籽油手工皂的最佳工艺条件为 $A_1B_1C_3D_1$，即韭菜籽油添加量为4 g（质量分数为11.8%），水碱比为1.1倍，皂化温度为60 ℃，搅拌时间为10 min。

表 2.13　正交试验设计表及结果

试验号	A 韭菜籽油添加量/g	B 水碱比	C 皂化温度/℃	D 搅拌时间/min	水分及挥发物含量/%	总游离碱含量/%	甘油含量/%
1	4	1.1	40	10	10	0.10	13.2
2	4	1.4	50	12	12	0.21	17.2
3	4	1.7	60	14	13	0.25	14.5
4	6	1.1	50	14	15	0.19	11.8
5	6	1.4	60	10	12	0.27	13.3
6	6	1.7	40	12	16	0.39	9.9
7	8	1.1	60	12	10	0.24	10.0
8	8	1.4	40	14	14	0.38	4.1
9	8	1.7	50	10	15	0.41	8.3
水分及挥发物含量 K_1	12	12	13	12			
K_2	14	13	14	13			
K_3	13	15	12	14			
R	2	3	2	2			
最佳组合 $A_1B_1C_3D_1$							
总游离碱含量 K_1	0.19	0.18	0.29	0.26			
K_2	0.28	0.29	0.27	0.28			
K_3	0.34	0.35	0.25	0.27			
R	0.15	0.17	0.04	0.02			
最佳组合 $A_1B_1C_3D_1$							
甘油含量 K_1	14.97	11.67	9.07	11.60			
K_2	11.67	11.53	12.40	12.37			
K_3	7.47	10.9	12.60	10.13			
R	7.5	0.77	3.53	2.24			
最佳组合 $A_1B_1C_3D_2$							

5.韭菜籽油感官指标和理化性质的测定。

（1）感官指标。

韭菜籽油手工皂感官评价结果见表1.14。

表1.14 韭菜籽油手工皂感官评价结果

感官指标	评价结果
外观	呈奶白色、颜色均一、硬度适宜、光滑细腻,无杂质
气味	无特殊气味、无油脂酸败及不良气味
使用感受	泡沫细腻丰富、去污力较强,洗后略有紧绷感,一段时间后消失

结果表明,制得的韭菜籽油手工皂光滑美观,软硬适中,泡沫丰富,洗涤后感觉良好,无刺激。

（2）理化性质。

最佳工艺制得的韭菜籽油手工皂总游离碱含量为0.09%,水分及挥发物含量为6.53%,pH为8.5。通过稳定性试验发现,韭菜籽油冷热稳定性较好。

6.小结。

（1）本章试验得出用韭菜籽油、橄榄油、椰子油、棕榈油制作手工皂的最佳工艺:韭菜籽油添加量为4 g。水碱比为1.1倍,皂化温度为60 ℃,搅拌时间为10 min,韭菜籽油、椰子油、棕榈油、橄榄油的质量分数分别为11.8%、29.4%、29.4%、29.4%。制出的手工皂的各项理化性质良好,滋润度较高。

（2）韭菜籽油的手工皂性能测定表明,成品手工皂硬度适宜,颜色均一,总游离碱含量为0.09%、水分及挥发物含量为6.53%、pH为8.5,均符合国家对手工皂指标的要求。

参 考 文 献

[1] 苏桂云,黄硕.补肾温阳的韭菜籽[J].首都食品与医药,2015(23):56.

[2] 罗琼.《本草纲目》中蔷薇科和百合科药物基原考[D].北京:中国中医科学院,2007.

［3］　李庆宏.药食两用植物的资源概况及其功能[J].农技服务,2011(8):1220 -
　　　　1221.

［4］　徐红,董婷霞,林燕靖,等.韭菜籽的生药学研究[J].中国药房,2013(3):246 -
　　　　248.

［5］　武丽梅,杨薇,郭志锋,等.不同品种韭菜籽黄酮提取及其抗氧化活性研究[J].
　　　　化学世界,2011(7):26 - 28.

［6］　郭奎彩,胡国华.超声提取韭菜籽总黄酮及其抗氧化活性研究[J].中国食品添
　　　　加剂,2014(4):47 - 52.

［7］　孙婕,尹国友,丁蒙蒙,等.韭菜籽蛋白的提取及抗氧化活性研究初探[J].食品
　　　　工业科技,2014(12):291 - 294.

［8］　李欢,张梦飞,苗明三.韭菜籽的现代研究与思考[J].中医学报,2017(3):432.

［9］　胡国华,茅仁刚,张华,等.韭菜籽提取物研究及应用(一)[J].中国食品添加
　　　　剂,2008 (5):65 - 68.

［10］　曹秀敏,乔保建,刘宏敏,等.超临界流体 CO_2 萃取韭菜籽油的初步研究[J].
　　　　农产品加工(学刊),2013(22):1 - 3.

［11］　周丹,陈启明,程健,等.超临界 CO_2 萃取韭菜籽油的研究[J].化学工程与装
　　　　备,2008,10:19 - 20.

［12］　胡国华,茅仁刚,张华,等.韭菜籽提取物研究及应用(二)[J].中国食品添加
　　　　剂,2008(6):71 - 74.

［13］　马志虎,侯喜林,汤兴利,等.响应面法优化超临界 CO_2 萃取韭菜籽油[J].中国
　　　　油脂,2009,34(7):13 - 17.

［14］　马志虎,侯喜林,汤兴利.超临界 CO_2 萃取韭菜籽油成分的 GC - MS 分析[J].
　　　　西北植物学报,2010,30(2):412 - 416.

［15］　李超,郑义,王乃馨,等.响应曲面法优化超声提取韭菜籽油的工艺研究[J].
　　　　中国食品添加剂,2011(1):50 - 54.

［16］　李超,王卫东,孙月娥,等.响应曲面法优化韭菜籽油的微波提取工艺研究
　　　　[J].食品工业科技,2010,31(7):283 - 286.

［17］　周玉新,于绪平,陈玮,等.索氏法提取韭菜籽油的工艺研究[J].四川化工,
　　　　2007,10(6):1 - 4.

［18］　HUA G H, LU Y H, WEI D Z. Chemical characterization of Chinese chive seed

(*Allium tuberosum Rottl.*)[J]. Food Chemistry, 2006, 99:693 – 697.

[19] 胡国华,陈昊,马正智. 韭菜籽挥发油组分的分析鉴定[J]. 食品科学,2009,30 (6):232 – 234.

[20] 王发春,邱丹,王慧春,等. 葱籽油和韭籽油中的脂肪酸研究[J]. 河北农业科 学,2009(9):49 – 50.

[21] 王雯萱,葛发欢,张湘东. 韭菜籽挥发油的 GC – MS 分析[J]. 中药材,2015,38 (6):1323 – 1324.

[22] 林小华,叶惠娴,徐巧钰,等. 响应面优化超临界 CO_2 萃取韭菜籽油工艺研究 [J]. 中国粮油学报,2021,36(8):50 – 53.

[23] 佟丽华,刘玉楼,张丽香. 韭子的化学成分研究[J]. 佳木斯医学院学报,1997, 20(1): 25 – 26.

[24] 汤文杰,孔祥峰,杨峰,等. 116 种中草药的营养价值[J]. 天然产物研究与开 发,2010(22):867 – 872.

[25] 张玲,时延增. 韭菜籽中氨基酸及微量元素分析[J]. 时珍国药研究,1995,7 (1):21 – 22.

[26] 胡苗苗,曹炜,徐抗震,等. 植物蛋白质资源的开发利用[J]. 食品与发酵工业, 2012,38(8):137 – 140.

[27] 尹国友,孙婕. 韭菜籽中活性物质的提取及抑菌检测[J]. 河南城建学院学报, 2010,19(4):81 – 83.

[28] 尹国友,孙婕,郑高攀,等. 酶解法提取韭菜籽蛋白及抗氧化活性的研究[J]. 食品工业,2016,37(1):1 – 16.

[29] 孙婕,尹国友,丁蒙蒙,等. 韭菜籽蛋白的提取及抗氧化活性研究初探[J]. 食 品工业科技,2014,35(6):291 – 294.

[30] 洪晶,陈涛涛,唐梦茹,等. 响应面法优化韭菜籽蛋白质提取工艺[J]. 中国食 品学报,2013,13(12):89 – 95.

[31] OOI L S, YU H, CHEN C M. Isolation and characterization of a bioactive mannose – binding protein from the Chinese chive *Allium tuberosum*[J]. Journal of Agricultural and Food Chemistry, 2002, 50(4):696 – 700.

[32] 孙婕,尹国友,马振中,等. 韭菜籽蛋白对枯草芽孢杆菌的抑菌实验研究[J]. 食品科技,2015,40(2):299 – 303.

［33］　孙婕,尹国友,吴郭杰,等. 韭菜籽蛋白抑菌作用研究［J］.中国食品添加剂,
　　　　2015(3):77－82.

［34］　JING H, TAO－TAO C, PEI H, et al. Purification and characterization of an an-
　　　　tioxidant peptide (GSQ) from Chinese leek (*Allium tuberosum Rottler.*) seeds［J］.
　　　　Journal of functional foods, 2014, 10:144－153.

［35］　JING H, TAO－TAO C, PEI H, et al. A novel antibacterial tripeptide from Chi-
　　　　nese leek seeds［J］. Eur Food Res Technol, 2015, 240:327－333.

［36］　孙婕,尹国友,刘文霞,等. 黑曲霉液态发酵韭籽粕提取韭籽多肽工艺［J］.食
　　　　品工业科技,2017,38(5):199－204,209.

［37］　白莉,魏湘萍,苗明三. 韭菜籽总黄酮对痛经模型小鼠疼痛及生化指标的影响
　　　　［J］. 中医学报,2019,7(7):1446－1449.

［38］　李敬,尤颖,吕惠丽. 韭菜籽黄酮的微波辅助提取及其抗氧化活性研究［J］.中
　　　　国调味品,2021,46(6):1－4,22.

［39］　姜凌,徐萍,王勇. 韭菜籽水溶性化学成分的初步研究［J］.中国中医药杂志,
　　　　2008,7(6):12－16.

［40］　赵庆华,吴东儒,李国贤,等. 葱属植物韭菜籽皂甙的化学结构及其灭螺活性的
　　　　研究［J］.安徽大学学报(自然科学版),1993(4):62－64.

［41］　桑圣明,夏增华,毛土龙,等. 中药韭菜籽化学成分的研究［J］.中国中药杂志,
　　　　2000,25(5):286－288.

［42］　IKEDA T, TSUMAGARI H, NOHARA T. Steroidal oligoglycosides from the seeds
　　　　of *Allium tuberosum*［J］. Chem Pharm Bull (Tokyo), 2000, 48 (3): 362－365.

［43］　ZOU Z M, LI L J, YU D Q, et al. Sphingosine derivatives from the seeds of *Auium
　　　　tuberosum*［J］. Asian Nat Prod Res,1999, 2 (1): 55－61.

［44］　胡国华,卢艳花,魏东芝. 韭子中核苷类化学成分的研究［J］.中草药,2006,7
　　　　(7): 992－993.

［45］　盛康美,杨立新,赵海誉,等. RP－HPLC 同时测定韭菜籽中尿苷、腺苷的含量
　　　　［J］.中国实验方剂学杂志,2013(14):152－154.

［46］　尹国友,孙婕,澹博,等. 双水相萃取韭籽粕多糖的工艺及其抗氧化性研究
　　　　［J］.食品科学技术学报,2021,39(2):134－142.

［47］　尹国友,张佳宁,孙婕,等. 超声辅助热水浸提韭籽粕多糖工艺优化［J］.河南

城建学院学报,2019,28(4):86-92.

[48]　陈祥友,孙嘉淮,陈俊达,等. 韭菜35种元素分析结果[J]. 世界元素医学,
　　　　2008,15(3):48-51.

[49]　武丽梅. 韭菜籽有效成分的提取及其抗氧化活性分析[D]. 上海:华东理工大
　　　　学,2011.

[50]　桑圣民,毛士龙,劳安娜,等. 中药韭菜籽中一个新生物碱成分[J]. 天然产物
　　　　研究与开发,2000,12(2):1-3.

[51]　李宁. 不同方法提取茶籽油的工艺对比研究[J]. 粮食与食品工业,2013(1):
　　　　11-13.

[52]　李乔,李贵,熊利芝,等. 不同方法提取栝楼籽油成分分析及其油质评价[J].
　　　　吉首大学学报(自然科学版),2016(3):55-58.

[53]　侯宗坤,高振秋,杨丽,等. 瓜蒌籽油提取工艺优化及其抗氧化活性研究[J].
　　　　食品工业科技,2017(6):261-265.

[54]　朱小燕,姜丽娜,尚建疆,等. 亚麻籽油的超临界 CO_2 萃取及其脂肪酸成分的
　　　　GC-MS分析[J]. 粮食与油脂,2016(9):11-14.

[55]　李绍佳. 枇杷花香气成分及精油研究[D]. 福州:福建农林大学,2012.

[56]　苏晓云. 压榨法在精油提取中的应用[J]. 价值工程,2010(1):51-52.

[57]　刘长姣,张守勤,孟宪梅. 五味子种子油脂和挥发油的成分分析[J]. 食品工业
　　　　科技,2014(16):52-56.

[58]　王坚. 柑橘属常用中药材陈皮、青皮次生代谢产物之挥发油成分研究[D]. 成
　　　　都:成都中医药大学,2013.

[59]　郑晓娟,吴启坤,魏振奇,等. 中草药提取方法研究进展[J]. 吉林医药学院学
　　　　报,2016(4):290-293.

[60]　陈克莉,陈道鸽,张玉宾,等. 橙皮苷提取方法的研究进展[J]. 食品工业,2016
　　　　(12):204-207.

[61]　权春梅,周光姣,朱勇,等. 水蒸气蒸馏法提取芍花精油研究[J]. 长江大学学
　　　　报(自然科学版),2017(8):8-11.

[62]　饶建平,王文成,张远志,等. 水蒸气蒸馏法提取柚子花精油工艺研究及其成分
　　　　分析[J]. 食品工业科技,2017(4):278-282.

[63]　冯杰,李鑫钢,许宁津,等. 有机溶剂萃取加拿大油砂应用研究[J]. 化学工业

与工程,2015(1):11-16.

[64] 王林林,祁鲲,杨倩,等. 不同制油方法对石榴籽油品质的影响[J].中国油脂,2016(6):35-38.

[65] 王艳艳,王团结,宋娟. 超临界流体萃取技术与装置研究[J].机电信息,2011(8):28-35.

[66] 曲丽洁. 槟榔籽油的提取、分析及抗氧化活性研究[D].北京:北京林业大学,2012.

[67] 吴秋,王成忠,刘家惠. 超临界 CO_2 萃取毛梾籽油及 GC-MS 分析[J].中国粮油学报,2017(1):135-140.

[68] 魏聪,杨晓君,王东晖,等. 超声波萃取黄秋葵籽油的脂肪酸组成及其抗氧化能力评价[J].中国粮油学报,2016(7):89-93.

[69] 张娟. 麻黄挥发油提取工艺总结[J].北方药学,2014(6):60-64.

[70] 肖新生,袁先友,张敏,等. 微波萃取油茶籽饼中脂类物质工艺条件的研究[J].食品工业科技,2012(18):309-311.

[71] 吴嘉碧,陈丹玲,陈侣平. 植物精油提取方法研究进展综述[J].化工设计通讯,2016(2):33-34.

[72] 胡玥,丁玉竹,高旭东,等. 微波消解-高分辨连续光源原子吸收光谱法测定锁阳和韭菜籽中的重金属元素含量[J].分析测试技术与仪器,2016(2):90-95.

[73] 郭燕金. GC-MS 原理及在食品添加剂检测中的应用[J].海峡药学,2013(7):126-128.

[74] 宋家芯,索化夷,郑炯,等. 气质联用法分析辣椒籽油的化学成分[J].食品工业科技,2015(8):93-96.

[75] 杨虎,高国强. 超临界 CO_2 萃取及气质联用分析沙枣花精油成分[J].食品科学,2013(14):152-156.

[76] 丁进锋,赵凤敏,李少萍,等. 亚麻籽油红外光谱分析及体外抗氧化活性研究[J].食品科技,2016(9):254-257.

[77] 温朋飞,彭艳. 植物精油抗氧化作用机制研究进展[J].饲料工业,2017(2):40-45.

[78] 杜丽君. 胡椒木精油提取、分析及抗氧化特性研究[D].福州:福建农林大学,2013.

[79]　许晓静. 百香果籽油的理化性质及抗氧化活性研究[D]. 广州:广东工业大学, 2016.

[80]　饶鸿雁. 牡丹籽油的提取及其抗氧化活性研究[D]. 济南:齐鲁工业大学, 2015.

[81]　赵旭彤. 蓝莓加工废弃物中花青素提取纯化及抗氧化活性研究[D]. 长春:吉林大学,2015.

[82]　张文娟. 柑橘幼果功能成分提取分析及抗氧化活性研究[D]. 杭州:浙江大学, 2015.

[83]　曾维才,石碧. 天然产物抗氧化活性的常见评价方法[J]. 化工进展,2013(6): 1205 - 1213.

[84]　郝董林. 香附精油的抗氧化、抑菌活性及抑菌机理研究[D]. 临汾:山西师范大学,2016.

[85]　韩少华,朱靖博,王妍妍. 邻苯三酚自氧化法测定抗氧化活性的方法研究[J]. 中国酿造,2009(6):155 - 157.

[86]　姚光明. 玫瑰精油的高效提取与抗氧化性及微胶囊化研究[D]. 长春:吉林大学,2016.

[87]　李海亮,高星,徐福利,等. 芍药花精油化学成分及其抗氧化活性[J]. 西北农林科技大学学报(自然科学版),2017(5):1 - 7.

[88]　ZHU H, SUN J. The study on the antioxidant activity for dayou enzyme[J]. Shandong Chemical Industry, 2016, 45(13):46 - 48, 53.

[89]　SAMANTA A K, CHAUDHURI S, DUTTA D. Antioxidant efficacy of carotenoid extract from bacterial strain Kocuria marina DAG Ⅱ [J]. Materials Today: Proceedings, 2016, 3(10):3427 - 3433.

[90]　刘春菊,牛丽影,郁萌,等. 香橼精油体外抗氧化及其抑菌活性研究[J]. 食品工业科技,2016(24):132 - 137.

[91]　胡翠珍,李胜,马绍英,等. 响应面试验优化葡萄籽油提取工艺及其抗氧化性[J]. 食品科学,2015(20):56 - 61.

[92]　陈浩,邱爽,郦金龙,等. 燕麦油抗氧化能力研究[J]. 中国粮油学报,2015(7): 48 - 52.

[93]　DIMITRIJEVIĆ M, JOVANOVIĆ V S, CVETKOVIĆ J, et al. Phenolics, antioxi-

dant potentials, and antimicrobial activities of six wild boletaceae mushrooms[J]. Analytical Letters,2017, 3(5):324 - 328.

[94] 贺绍琴,张君萍,伊力,等. 莴苣籽油的超临界 CO_2 萃取工艺及其脂肪酸组成分析[J]. 中国油脂,2015(1):1 - 5.

[95] 沈佳奇,徐俐,张彦雄,等. 响应面优化超临界 CO_2 萃取油茶籽油工艺研究[J]. 食品科技,2014(1):187 - 192.

[96] 孙谦,胡中海,孙志高,等. 响应面法优化超临界 CO_2 流体萃取红橘种子油[J]. 西南师范大学学报(自然科学版),2016(2):46 - 52.

[97] 付复华,潘兆平,谢秋涛,等. 超临界 CO_2 萃取条件对紫苏籽油脂肪酸组成的影响及工艺优化[J]. 食品与机械,2016(7):166 - 170.

[98] 刘晓妮,孟家光,王红兴. 光致变色棉针织物的制备及其性能[J]. 棉纺织技术, 2021,49(7):29 - 33.

[99] ILARIA B, CECCHI T, LOMBARDELLI C, et al. Novel microencapsulated yeast for the primary fermentation of green beer:kinetic behavior, volatiles and sensory profile[J]. Food Chemistry,2021,340:127 - 900.

[100] HAO R, KOUSHIK R, PAN J F, et al. Critical review on the use of essential oils against spoilage in chilled stored fish:a quantitative meta - analyses[J]. Trends in Food Science & Technology, 2021, 111,175 - 190.

[101] 吕忠,熊庭倩,陈惠苏. 球形/球柱形微胶囊自修复水泥基复合材料修复效率数值模拟[J]. 硅酸盐学报,2021,49(2):357 - 364.

[102] AUMNATE C, POTIYARAJ P, SAENGOW C, et al. Reinforcing polypropylene with graphene - polylactic acid microcapsules for fused - filament fabrication[J]. Materials & Design,2021,198:109 - 329.

[103] 岳淑丽,任小玲,向红,等. 桉叶精油 β - 环糊精微胶囊制备工艺的研究[J]. 中国粮油学报,2017,32(7):108 - 113.

[104] 吴彩娥. 超临界萃取核桃油微胶囊产品的研制开发[D]. 太原:山西农业大学,2002.

[105] 张珊珊,冯武,熊芸,等. 乳液模板 - 层层自组装法制备百里香精油微胶囊[J]. 食品工业,2018,39(8):87 - 92.

[106] 彭群,邓琳,王超,等. 两种凝聚法橙油纳米胶囊的性质比较[J]. 现代食品科

技,2019,35(5):81-86,94.

[107] 王宇晓,耿娜,倪元颖.不同微胶囊制备工艺在油脂中的应用研究进展[J].粮油食品科技,2017,25(3):37-43.

[108] 耿凤,邵萌,魏健,等.微胶囊技术在保护天然活性成分中的应用研究进展[J].食品与药品,2020,22(3):250-255

[109] 王正云,展跃平,钟川,等.复凝聚法青鱼内脏鱼油微胶囊的制备及其性能研究[J].食品工业科技,2020,41(23):155-161.

[110] 谭睿,申瑾,董文江,等.复合凝聚法制备绿咖啡油微胶囊及其性能[J].食品科学,2020,41(23):144-152.

[111] 刘义凤,侯占群,田巧基,等.添加玉米低聚肽的紫苏籽油乳状液及其微胶囊的制备[J].食品科学,2021,42(2):36-45.

[112] 刘小亚.海藻油固化工艺技术及其稳定性研究[D].南昌:南昌大学,2018.

[113] 姜雪,段蕾,包尕红,等.酸枣仁油微胶囊的制备与表征[J].粮食与油脂,2020,33(9):56-59.

[114] 施富来.油脂食品的加速贮藏试验法[J].食品工业科技,1980(4):13-14.

[115] 殷春燕,杨明建,穆谈航,等.黄刺玫籽油微胶囊的制备及其稳定性研究[J].食品科技,2021,46(2):151-157.

[116] 周妍宇.拉曼和红外光谱评估坚果油脂氧化的研究[D].无锡:江南大学,2020.

[117] 梁博,邵俊鹏,杨帅,等.茶油微胶囊的制备及其缓释性能[J].精细化工,2020,37(12):2541-2553.

[118] 曹莹莹,包小康,赵楠,等.复凝聚法制备芥末油微胶囊工艺优化及其理化特性分析[J].食品与发酵工业,2021,47(13):154-160.

[119] 李湘,熊华,李微,等.米渣蛋白酶解物作壁材制备微胶囊化调和油的研究[J].中国油脂,2010,35(5):4-8.

[120] ZHENG Y,ZHANG H X,DING N,et al. Preparation and targeted release evaluation studies on micro-capsulation of paclitaxel[J]. Journal of Food Science and Biotechnology, 2017, 36(1):87-92.

[121] 刘全亮,马传国,王化林,等.微胶囊化棕榈油的品质分析[J].粮油食品科技,2015,23(1):38-42.

[122]　章智华,钟舒睿,彭飞,等. 微胶囊壁材及制备技术的研究进展[J]. 食品科学,2020,41(9):246 - 253.

[123]　龙娅,胡文忠,李元政,等. 植物精油的抗氧化活性及其在果蔬保鲜上的应用研究进展[J]. 食品工业科技,2019(23):343 - 348.

[124]　GHARSALLAOUI A, ROUDAUT G, CHAMBIN O, et al. Applications of spray - drying in microencapsulation of food ingredients: an overview[J]. Food Research International, 2007, 40(9):1107 - 1121.

[125]　FORMIGA F R, SARMENTO B. Emerging trends in nano - and microencapsulation science: hallmarks of the 22nd international symposium on microencapsulation [J]. Drug Delivery and Translational Research, 2020, 10(6): 1535 - 1536.

[126]　ASENSIO C M, PAREDES A J, MARTIN M P, et al. Antioxidant stability study of oregano essential oil microcapsules prepared by spray - drying[J]. Journal of food science, 2017, 82(12):2864 - 2872.

[127]　MATULYTE I, MARKSA M, BERNATONIENE J. Development of innovative chewable gel tablets containing nutmeg essential oil microcapsules and their physical properties evaluation[J]. Pharmaceutics, 2021, 13(6):1 - 18.

[128]　GLICERIO L, MARIA O, RODRIGO O, et al. Design of an emulgel - type cosmetic with antioxidant activity using active essential oil microcapsules of Thyme (*Thymus vulgaris* L.), Cinnamon (*Cinnamomum verum* J.), and Clove (*Eugenia caryophyllata* T.) [J]. International Journal of Polymer Science, 2018, 2018:1 - 16.

[129]　STAN M S, CHIRILA L, POPESCU A, et al. Essential oil microcapsules immobilized on textiles and certain induced effects[J]. Materials (Basel, Switzerland), 2019, 12(12):1 - 15.

[130]　杜歌. 谷胱甘肽的复合凝聚微胶囊化技术研究[D]. 无锡:江南大学,2015.

[131]　陈静,张籴,陈志宏,等. 复凝聚法制备玉米多肽微胶囊及释放特性研究[J]. 湖南文理学院学报(自然科学版),2021,33(2):42 - 49.

[132]　杨莹. 海南鲈鱼油微囊的制备及应用研究[D]. 海口:海南大学,2019.

[133]　杨艳红,李湘洲,周军,等. 山苍子油微胶囊的制备技术比较及其释放动力学[J]. 中国粮油学报,2018,33(7):78 - 84.

[134] 康彬彬,张金梁,王祥,等.山茶油微胶囊的复合凝聚制备工艺参数及其热氧稳定性研究[J].热带作物学报,2020,41(9):1889－1896.

[135] LIU S, SARAH K B, HONG Y , et al. Micro － emulsification/encapsulation of krill oil by complex coacervation with krill protein isolated using isoelectric solubilization/precipitation[J]. Food Chemistry, 2018, 244:284－291.

[136] JUAN C S, TERESA A, TRINIDAD P. Evaluating the use of fish oil microcapsules as omega－3 vehicle in cooked and dry－cured sausages as affected by their processing, storage and cooking[J]. Meat Science, 2020,162:108031.

[137] 朱晓丽,刘力娜,孔祥正,等.乳清蛋白/阿拉伯胶复凝聚法制备载乙酸油脂微胶囊及其表征[J].高分子学报,2009,10:1062－1069.

[138] BERKLAND C, KIPPER M J, NARASIMHAN B, et al. Microsphere size, precipitation kinetics and drug distribution control drug release from biodegradable polyanhydride microspheres[J]. Journal of controlled release:official journal of the Controlled Release Society, 2004, 94(1):129－141.

[139] WANWIMOL K, HUANG Y W. Fish oil encapsulation with chitosan using ultrasonic atomizer[J]. LWT － Food Science and Technology, 2007, 41(6):1133－1139.

[140] 朱卫红,许时婴,江波.微胶囊壁材辛烯基琥珀酸酯化淀粉的界面性质和乳化稳定性[J].食品科学,2006,27(12):79－84.

[141] RESHMA B N, PERIYAR S S, ANAND B P. Microencapsulation of tender coconut water by spray drying:effect of moringa oleifera gum, maltodextrin concentrations, and inlet temperature on powder qualities[J]. Food and Bioprocess Technology, 2017, 10(9): 1668－1684.

[142] 梁佳钰,杨春莉,车丹,等.响应曲面法橄榄油微胶囊化工艺优化研究[J].包装工程,2019,40(7):11－18.

[143] 王慧梅, 范艳敏, 王连艳. 基于微胶囊技术对油脂包埋的研究进展[J]. 现代食品科技, 2018,34(10):195,271－280.

[144] HUANG H H, HUANG C X, YIN C, et al. Preparation and characterization of β－cyclodextrin－oregano essential oil microcapsule and its effect on storage behavior of purple yam[J]. J Sci Food Agric, 2020, 100(13): 4849－4857.

[145] 石泽栋, 蒋雅萍, 孙英杰, 等. 牛至精油微胶囊的制备、表征及在杏贮藏期的抑菌效果[J]. 食品科学, 2021, 42(11):186 – 194.

[146] MATULYTE I, MARKSA M, BERNATONIENE J. Development of innovative chewable gel tablets containing nutmeg essential oil microcapsules and their physical properties evaluation [J]. Pharmaceutics, 2021, 13(6): 1 – 18.

[147] THAKUR T, GAUR B, SINGHA A S. Bio – based epoxy/imidoamine encapsulated microcapsules and their application for high performance self – healing coatings [J]. Prog Org Coat, 2021, 159: 106436.

[148] STAN MS, CHIRILA L, POPESCU A, et al. Essential oil microcapsules immobilized on textiles and certain induced effects [J]. Materials, 2019, 12 (12): 2029.

[149] 何荥, 张玄, 李荣全, 等. 柠檬香精微胶囊的制备及其在香味纸品中的应用 [J]. 东莞理工学院学报, 2021, 28(5):118 – 123.

[150] PORRAS – SAAVEDRA J, PÉREZ – PéREZ N C, VILLALOBOS – CASTILLEJOS F, et al. Influence of sechium edule starch on the physical and chemical properties of multicomponent microcapsules obtained by spray – drying [J]. Food Biosci, 2021, 43: 101275.

[151] 符丽雪, 陈明明, 章采东, 等. 肉桂 – 丁香 – 百里香精油微胶囊的制备及表征[J/OL]. 中国粮油学报:1 – 16 [2021 – 08 – 25]. http://kns. cnki. net/kcms/detail/11. 2864. TS. 20210819. 1800. 004. html

[152] 杨丽华, 张永东, 李维正, 等. 柠檬籽油复合微胶囊的制备及对牛肉干的保鲜效果[J/OL]. 食品与发酵工业:1 – 8[2021 – 08 – 25]. https://doi. org/10. 13995/j. cnki. 11 – 1802/ts. 028666.

[153] 国家药典委员会. 中华人民共和国药典(第一卷)[M]. 北京:中国医药科技出版社, 2015.

[154] PUTNIC P, GABRIĆ D, ROOHINEJAD S, et al. An overview of organosulfur compounds from *Allium* spp. : from processing and preservation to evaluation of their bioavailability, antimicrobial, and anti – inflammatory properties [J]. Food Chem, 2019, 276: 680 – 691.

[155] JAYA B, BUSHRA TM, PRATIKSHA T, et al. Study of phytochemical, anti –

microbial, anti – oxidant, and anti – cancer properties of *Allium wallichii* [J]. BMC Complementary and Alternative Medicine, 2017, 17(1): 1 – 9.

[156] RIAZ A, LAGNIKA C, LUO H, et al. Effect of Chinese chives (*Allium tuberosum*) addition to carboxymethyl cellulose based food packaging films [J]. Carbohyd Polym, 2020, 235: 115994.

[157] 周丽丽, 徐皓. 韭菜籽蛋白的提取及抗氧化活性研究进展[J]. 临床医药文献电子杂志, 2020, 7(11): 159, 161.

[158] 刘梅, 商思阳, 贾琳, 等. 韭菜籽等 10 味常用温肾助阳中药酒制历史沿革[J]. 中国现代中药, 2021, 23(1): 159 – 163.

[159] CLAIRE B, KARIN S. Towards new food emulsions: designing the interface and beyond[J]. Currt Opin Food Sci, 2019, 27: 74 – 81.

[160] ZHANG Z, ZHAGN S S, SU R R, et al. Controlled release mechanism and antibacterial effect of layer – by – layer self – assembly thyme oil microcapsule[J]. J Food Sci, 2019, 6(84): 1427 – 1438.

[161] UMAÑA M, TURCHIULI C, ROSSELLÓ C, et al. Addition of a mushroom by – product in oil – in – water emulsions for the microencapsulation of sunflower oil by spray drying[J]. Food Chem, 2021, 343: 128429.

[162] 孙婕, 尹国友, 王超, 等. 混合发酵法制备韭籽粕水溶性膳食纤维[J]. 食品研究与开发, 2017, 38(11): 95 – 99.

[163] 戚登斐, 张润光, 韩海涛, 等. 核桃油中亚油酸分离纯化技术研究及其降血脂功能评价[J]. 中国油脂, 2019, 44(2): 104 – 108.

[164] 常馨月, 陈程莉, 董全. 奇亚籽油微胶囊的制备及表征[J]. 食品与发酵工业, 2020, 46(5): 200 – 207.

[165] 王悦. 微藻油微胶囊的制备及其性质研究[D]. 无锡: 江南大学, 2020.

[166] 杨小斌, 周爱梅, 王爽, 等. 蓝圆鲹鱼油微胶囊的结构表征与体外消化特性[J]. 食品科学, 2019, 40(1): 117 – 122.

[167] 常馨月, 罗惟, 陈程莉, 等. 奇亚籽油微胶囊贮藏稳定性及缓释动力学[J]. 食品与发酵工业, 2020, 46(9): 108 – 114.

[168] WANG B, ADHIKARI B, MATHESH M, et al. Anchovy oil microcapsule powders prepared using two – step complex coacervation between gelatin and sodium

hexametaphosphate followed by spray drying[J]. Powder Technol, 2019, 358: 68 - 78.

[169] 黄进宝,唐冬,刘香菊,等. 茶籽油微胶囊的制备及其产品特性研究[J]. 中国粮油学报,2021,36(4):82 - 89.

[170] 江连洲,王朝云,古力那孜·买买提努,等. 干燥工艺对鱼油微胶囊结构和品质特性的影响[J]. 食品科学,2020, 41(3):86 - 92.

[171] TURCHIULI C, FUCHS M, BOHIN M, et al. Oil encapsulation by spray drying and fluidised bed agglomeration[J]. Innov Food Sci Emerg, 2004, 6(1):29 - 35.

[172] 卢艳慧. 牡丹籽油微胶囊化及理化和稳定特性的研究[D]. 济南:齐鲁工业大学,2021.

[173] 梁博,邵俊鹏,杨帅,等. 茶油微胶囊的制备及其缓释性能[J]. 精细化工,2020,37(12):2541 - 2553.

[174] WANG S J, SHI Y, LI P H. Development and evaluation of microencapsulated peony seed oil prepared by spray drying: oxidative stability and its release behavior during in - vitro digestion[J]. J Food Eng, 2018, 231: 1 - 9.

[175] MAOTSELA T, DANHA G, MUZENDA E. Utilization of waste cooking oil and tallow for production of toilet" bath" soap[J]. Procedia Manufacturing, 2019, 35:541 - 545.

[176] 杨莹,柳小兰,张明,等. 无患子手工皂的研制与性能评价[J]. 广州化工,2019, 47(15):92 - 95.

[177] 刘川峡,韦珊珊,刘红娜. 小尾寒羊羊尾油手工皂的工艺研究[J]. 西北民族大学学报(自然科学版),2017, 38(3):67 - 71.

[178] NCHIMBI H Y. Quantitative and qualitative assessment on the suitability of seed oil from water plant (Trichiria emetica) for soap making[J]. Saudi Journal of Biological Sciences, 2020,27:3161 - 3168.

[179] BABA M A, JAKADA S S, MUSA A S. Preparation and characterization of soaps made from soya bean oil and neem oil blends[J]. Bayero Journal of Pure and Applied Sciences, 2017, 10(1):178.

[180] 李莎莉. 韭菜有效成分的提取及生物活性研究[D]. 武汉:武汉工程大学,

2018.

[181]　王雄,吴润,张莉,等.韭菜挥发油成分的气相色谱-质谱分析及抗常见病原菌活性研究[J].中国兽医科学,2012,42(2):201-204.

[182]　NEHDI I A, SBIHI H M, TAN C P, et al. Chemical composition, oxidative stability, and antioxidant activity of *Allium ampeloprasum* L. (Wild Leek) Seed Oil [J]. Journal of oleo science, 2020, 69(5):1-9.

[183]　余慧芬,唐李,袁梦,等.手工皂制皂原料及其制皂方法[J].吉林医药学院学报,2019,40(6):452-454.

[184]　毛斌瑀,梁慧玲.感官模糊评判法在栀子油手工皂配方评价中的应用[J].中国果菜,2020,40(4):8-11.

[185]　袁其能.制皂原料油脂的脂肪酸组成对肥皂产品质量的影响[J].日用化学工业,1983(3):26-30.

[186]　刘娟,石国凤,王天兰,等.乳汁手工皂与植物油手工皂的成分与功效研究[J].产业与科技论坛,2021,20(11):62-63.

[187]　步健飞.肥皂的油脂配方问题[J].日用化学工业,1982(4):5-6.

[188]　杨卫国.关于制皂油脂品种的评价[J].贵州化工,1996(4):34-38.

[189]　田文妮,梁钻好,曾丽萍,等.不同植物油脂对冷制皂入皂特性的影响[J].日用化学工业, 2018, 48(3):144-150.

[190]　蔡贝虹,樊永婵,金智银,等.手工皂中测定甘油含量最佳条件的探究[J].广州化工,2020,48(53):51-53.

[191]　唐臻,王斌,张苏玻,等.异蛇蛇油理化性质及其与薄荷精油复配制作手工皂工艺研究[J].湖南科技学院学报,2020,41(5):27-31.

[192]　徐盛燕,赵慧军,吴娜,等.新型手工皂配方设计与制法特点[J].化学工程与装备,2021(1):26-28.

[193]　茹巧荣,张佳阳.水果精油手工皂的制备与研究[J].现代工业经济和信息化,2019,9(2):60-61,76.

[194]　郭敏敏,闫莉.藜麦麸皮手工皂的研制[J].广东化工,2020,47(22):41-43.

第2章 韭菜籽蛋白和韭菜籽粕多肽

本章内容分为四部分。

第一部分介绍了韭菜籽在改善性功能、抗氧化及抑菌等方面的药理功效。

第二部分是磷酸盐法提取韭菜籽蛋白和抗氧化及抑菌作用研究。基于磷酸盐提取法,从韭菜籽粉中得到具有多种生理功能特性的活性物质。研究开发以韭菜籽粉为原料,采用磷酸盐法得到韭菜籽蛋白粗提液,连续透析、纯化工艺除去杂蛋白、脱盐得到韭菜籽蛋白并干燥,并采用 SDS – PAGE 法研究提取得到的韭菜籽蛋白的分子量特征。开发磷酸盐提取法得到韭菜籽蛋白产品,并探讨韭菜籽蛋白的抗氧化、抑菌效果及对肉制品的保鲜作用。

第三部分是酶解法提取韭菜籽蛋白及抗氧化活性的研究。以脱脂韭菜籽粉为原料,采用纤维素酶酶解法提取韭菜籽蛋白。以韭菜籽蛋白提取率为指标,考察酶含量、料液比、提取时间及温度对提取率的影响。在单因素试验的基础上,采用响应面分析法确定韭菜籽蛋白提取工艺,同时建立韭菜籽蛋白提取的二次项数学模型并验证其可靠性。以酶含量、料液比、提取时间及温度为自变量,探讨这 4 个因素的交互作用和最佳提取条件,并对其进行验证。

第四部分是微生物发酵法结合色谱分离技术发酵韭菜籽粕制备韭菜籽多肽。主要围绕黑曲霉/枯草芽孢杆菌发酵法产蛋白酶最佳工艺条件确立、黑曲霉/枯草芽孢杆菌发酵法制备韭菜籽粕多肽最佳工艺条件确定以及韭菜籽粕多肽氨基酸组成分析、多肽分子量分布及抗氧化活性开展研究。

2.1 韭菜籽的药理功效

2.1.1 改善性功能

韭菜籽含硫化物、苷类、维生素 C 等成分,具有固精、助阳、补肾、暖腰膝的功效,临床上可用于治疗阳痿、早泄、遗精、多尿等症。此外,韭菜籽中含有大量的人体必需的维生素和矿物质元素,如钙、铁、锌、铜、镁和钠等,尤其是锌的含量非常高,为80.8 mg/kg,而铁、锰、锌等微量元素能够增强人的身体免疫能力,使机体抗感染能力增强。维生素 C 有增加男子精子数和增强精子活力的作用。王成永等通过切除成年雄性大鼠双侧睾丸造成"肾虚症"动物模型,观察到韭菜籽提取物能够提高去势大鼠阴茎对外部刺激的兴奋性,表明韭菜籽提取物具有一定的温肾助阳作用。胡国华等就韭菜籽不同极性段组分提取物对小鼠性行为的影响进行了科学研究,结果发现韭菜籽正丁醇提取物具有改善性功能的作用。虽然研究韭菜籽温肾助阳的功效已经有很多,但是科学的脚步依然没有停止过。何娟等建立氢化可的松致肾阳虚雄性小鼠模型,观察到韭菜籽醇提物高剂量组幼年雄性小鼠体重明显增加,幼年雄性小鼠睾丸(附睾)、精囊腺、包皮腺的质量增加,说明韭菜籽对去势小鼠的性功能有一定的改善作用。刘俊达研究发现,韭菜籽具有一定温补肾阳的作用,不同炮制方法对其疗效有所影响,盐炙后能进一步增强肾上腺皮质功能,酒炙后能进一步提高耐寒能力,炒制后能利于药材粉碎促进成分溶出。吴文辉等比较了韭菜籽炮制品对正常小数和氢化可的松所致肾阳虚模型小鼠的交配能力,结果表明,韭菜籽在提高阳虚小鼠交配能力上,酒炙品优于生品和盐炙品。

2.1.2　抗氧化作用

韭菜籽中除了含有丰富的不饱和脂肪酸和膳食纤维外,还含有具有抗氧化作用的蛋白质、多肽、油脂、黄酮类化合物以及多糖等提取物。谭桂山等通过饲养后的小白鼠的抗衰老参数(超氧化歧化酶及丙二醛),证实韭菜籽中抗衰老的成分是脂溶性的,韭菜籽具有抗氧化、防衰老的药用价值。杜绍亮等的研究表明韭菜籽多糖对 $\cdot OH$ 和 $O_2^- \cdot$ 都有一定的清除能力。武丽梅等利用 Fenton 反应产生羟基自由基,然后通过水杨酸捕获法检测提取物清除羟自由基的作用,测定韭菜籽黄酮类化合物具有抗氧化能力。洪晶等研究发现韭菜籽中蛋白质对 ABTS 自由基清除率达到 76.6%,说明韭菜籽具有较强的抗氧化活性。孙婕等利用磷酸盐法提取韭菜籽蛋白,发现韭菜蛋白对 $\cdot OH$ 和 $DPPH \cdot$ 清除率分别为 73.37% 和 25.2%,说明韭菜籽蛋白具有抗氧化作用。郭奎彩等对韭菜籽的抗氧化活性进行了研究,结果表明,韭菜籽黄酮对 $DPPH \cdot$ 和 $\cdot OH$ 均有一定的清除作用,且在试验所选浓度范围内,抗氧化能力随浓度的增加而增强,清除 $DPPH \cdot$ 的 IC_{50} 为 0.87 μg/mL,清除 $\cdot OH$ 的 IC_{50} 为 3.33 μg/mL。尹国友等研究发现,纤维素酶酶解法制备得到的韭菜籽蛋白具有抗氧化活性,在韭菜籽蛋白质量浓度为 2.0 mg/mL 时,对·OH 和 DPPH·清除率分别为 49.3% 和 61.3%。唐梦茹等以韭菜籽蛋白抽提物为原料,采用响应面分析法优化酶解韭菜籽蛋白制备抗氧化肽工艺。研究结果表明,在最佳工艺条件下,酶解产物的 DPPH·清除率为80.12%。接着,孙婕等采用响应面分析法优化黑曲霉液态发酵韭菜籽粕中韭菜籽粕多肽提取工艺,并测定了最优提取条件,结果发现每毫升发酵液中韭菜籽粕多肽质量浓度可达 573.55 μg/mL。在最佳工艺条件下,采用黑曲霉液态发酵制备得到的韭菜籽粕多肽具有抗氧化活性,随着韭菜籽粕多肽浓度的提高,抗氧化活性增强。周丽丽等总结了韭菜籽蛋白的提取及抗氧化活性研究。最近,李敬等以韭菜籽为原料,采用微波辅助法提取得到的韭菜籽总黄酮对 DPPH·和·OH 均具有一定的清除作用,韭菜籽可以作为天然抗氧化剂进行开发利用。尹国友等采用双水相萃取法提取得到韭菜籽粕多糖,具有体外抗氧化活性,随着韭菜籽粕多糖质量浓度的提高,抗氧化活性增强。

2.1.3　抑菌作用

韭菜籽具有杀菌功效。Pongsak 等研究发现,韭菜油有作为天然抗菌剂控制尼罗非鱼柱状黄杆菌感染的潜力。尹国友等采用滤纸片法研究了韭菜籽提取物对大肠杆菌、枯草芽孢杆菌、金黄色葡萄球菌的抑制效果,结果表明韭菜籽提取物具有抗菌的作用。Hong 等采用凝胶过滤层析和反相高效液相色谱法从韭菜籽中分离纯化了一种新的抗菌肽,命名为 CLP－1。CLP－1 由 3 个氨基酸组成,经 LC－MS/MS 鉴定为SER－ASN－ALA(SNA)。SNA 对革兰氏阳性菌和革兰氏阴性菌均有一定的抑菌活性,对大肠杆菌、金黄色葡萄球菌、沙门氏菌和枯草杆菌的最低抑菌质量浓度分别为4.31 g/L、2.24 g/L、4.31 g/L 和 2.24 g/L。孙婕等研究发现韭菜籽蛋白对大肠杆菌、金黄色葡萄球菌、枯草芽孢杆菌、乳酸菌等几种菌的最低抑菌质量浓度分别为 0.32 g/L、2.50 g/L、0.16 g/L 和 0.63 g/L。以大肠杆菌为研究对象,进一步研究了经不同温度、时间和酸碱处理的韭菜籽蛋白对大肠杆菌抑制作用,并采用响应面法优化处理条件,建立响应曲面模型,从而确定韭菜籽蛋白抑制大肠杆菌的最适处理条件,即韭菜籽蛋白在 pH 8.27、处理温度为 54.7 ℃下处理 2.0 h,抑菌效果最佳。

2.1.4　韭菜籽研究现状及应用前景

近年来,国内外对韭菜籽油的提取方法、韭菜籽成分方面研究有了一定的成果,而关于其药用价值、保健作用以及构效关系的研究还比较少,所以在其利用方面不具有针对性,造成不必要的浪费。我国韭菜籽植物资源丰富(产量居世界首位),种类繁多,以河北、山西、吉林、江苏、山东、河南等地产量较大,尤其是河南平顶山的韭菜籽(国家韭菜籽资源种子库)质量较高。结合韭菜籽价格相对较为低廉的现况,可以为人们在韭菜籽方面的科研探究提供较为方便、廉价的原料。韭菜籽蛋白、氨基酸、皂苷、生物碱、腺苷、硫化物和黄酮类化合物等韭菜籽提取物是韭菜籽等葱属科植物的重要活性成分,但目前对于这些活性成分的研究较少,因此极具开发价值。从对大量资料的阅读及统计来看,国内外一直以来对韭菜籽的研究较少,因此,利用我国丰富的植物资源对韭菜籽等一些颇具开发潜能的葱属科植物进行药用价值、保健作用和构效关系的研究以及对韭菜籽进行产业化开发与利用显得十分重要,为进一步开发功能确切(如韭菜籽蛋白的抑菌作用及抗氧化作用)、构效关系精准的韭菜籽功能性产品提供科学理论依据,同时对于确定我国药食两用的韭菜籽质量及推动韭菜籽中药现代化都有重要意义。

2.2　磷酸盐法提取韭菜籽蛋白及抗氧化、抑菌作用研究

2.2.1　试验方案

1.韭菜籽蛋白提取流程。

提取流程:脱脂韭菜籽粉→磷酸盐缓冲溶液提取→离心、过滤、取上清→饱和硫酸铵盐析→离心→沉淀→透析除盐→冷冻干燥→韭菜籽蛋白粉。

2.蛋白质标准曲线的制作。

分别取 0 mL、0.02 mL、0.04 mL、0.06 mL、0.08 mL、0.10 mL 的牛血清白蛋白标准溶液于试管中,再加蒸馏水补充至 0.10 mL,然后取 5 mL 已配制好的考马斯亮蓝试剂于试管中,摇匀,并在 5 min 后测其 595 nm 下的吸光度值,并作标准曲线。

3.缓冲液提取韭菜籽蛋白单因素试验。

缓冲液对韭菜籽蛋白的提取效果主要受到温度、提取时间、缓冲液 pH 及料液比的影响。需要通过试验明确各个因素对提取效果的影响程度。

(1)提取时间对提取率的影响。

称取 1 g 脱脂韭菜籽粉,加入 10 mL 0.02 mol/L pH 7.0 的磷酸盐缓冲溶液,在

48 ℃下搅拌,分别提取 0.25 h、0.50 h、1.00 h、2.00 h、4.00 h,离心并过滤取其上清液,计算韭菜籽蛋白提取率。

（2）提取温度对提取率的影响。

称取 1 g 脱脂韭菜籽粉,加入 10 mL pH 7.0 的 0.02 mol/L 磷酸盐缓冲溶液,分别在 4 ℃、28 ℃、48 ℃、76 ℃、90 ℃下搅拌提取 2 h,离心并过滤取其上清液,计算韭菜籽蛋白提取率。

（3）料液比对提取率的影响。

称取 1 g 脱脂的韭菜籽粉,分别加入 5 mL、7.5 mL、10 mL、12.5 mL、15 mL 0.02 mol/L pH 7.0 的磷酸盐缓冲溶液,即料液比分别为 1:5、1:7.5、1:10、1:12.5、1:15（g/mL）,在 48 ℃下搅拌提取 2 h,离心并过滤取其上清液,计算韭菜籽蛋白提取率。

（4）提取 pH 对提取率的影响。

称取 1g 脱脂韭菜籽粉,选用 pH 6.0、6.5、7.0、7.5、8.0 的 0.02 mol/L 磷酸盐缓冲溶液 10 mL 作为提取溶液,在 48 ℃下搅拌 2 h,离心并过滤取其上清液,计算韭菜籽蛋白提取率。

4. 正交试验设计。

进行单因素试验后,以提取率为指标,考察提取时间、提取温度、料液比和提取溶液 pH 对试验结果的影响,Lg(3^4)正交试验因素与水平见表 2.1。以提取率为考察指标,筛选出最佳的提取工艺。

表 2.1　$L_9(3^4)$ 正交试验因素与水平

水平	因素			
	A 提取时间/h	B 提取温度/℃	C 料液比	D 提取 pH
1	1.5	44	7.5	7.0
2	2.0	48	10.0	7.5
3	2.5	52	12.5	8.0

5. 提取率的测定。

$$提取率(\%) = \frac{韭菜籽蛋白的质量(g)}{脱脂韭菜籽粉的质量(g)} \times 100\% \qquad (2.1)$$

6. 盐析、透析、冷冻干燥。

向蛋白液中缓慢加入饱和硫酸铵溶液,边加边搅拌,静置 3 h。然后在 4 000 r/min 条件下离心 15 min,弃去上清液。沉淀物用 0.2 mol/L pH 7.5 磷酸盐缓冲溶液溶解,装入透析袋,透析 48 h。冷冻干燥,得韭菜籽蛋白粉。

7. 抗氧化指标检测。

(1)对 DPPH· 清除效果测定。

参考任海伟等的方法,取样品液 2 mL 及 2 mL 2×10^{-4} mol/L DPPH· 溶液加入具塞试管中,摇匀,暗处反应 30 min,在 517 nm 比色,测定其吸光度值 A_i;再测量 DPPH· 溶液与无水乙醇 1:1 混合的吸光度值 A_c 及 2 mL 样品液与 2 mL 无水乙醇的吸光度值 A_j。

$$DPPH· 清除率(\%) = [1 - (A_i - A_j)/A_c] \times 100\% \qquad (2.2)$$

式中　A_c——DPPH· + 无水乙醇吸光度值;

　　　A_i——样品液 + DPPH· 吸光度值;

　　　A_j——样品液 + 无水乙醇吸光度值。

将 BHT 和得到的韭菜籽蛋白分别配制成质量浓度为 0.1 mg/mL、0.5 mg/mL、1.0 mg/mL、1.5 mg/mL、2.0 mg/mL 的溶液,分别测定 DPPH· 清除率。

(2)对 ·OH 清除效果测定。

参考郭倩等的方法,反应体系中加 9 mmol/L FeSO₄ 2 mL,9 mmol/L 水杨酸 – 乙醇 2 mL,样品 3 mL,最后加 8.8 mmol/L H₂O₂ 2 mL,启动反应,37 ℃反应 1 h,以蒸馏水为参比,在 510 nm 下测量样品的吸光度值 A_x;反应体系中加 9 mmol/L FeSO₄ 2 mL,9 mmol/L 水杨酸 – 乙醇 2 mL,3 mL 蒸馏水和 2 mL 的 8.8 mmol/L H₂O₂,以蒸馏水为参比在 510 nm 下测量空白对照的吸光度值 A_0;反应体系中加 9 mmol/L FeSO₄ 2 mL,9 mmol/L 水杨酸 – 乙醇 2 mL,样品 3 mL 和 2 mL 蒸馏水,以蒸馏水为参比在 510 nm 下测量吸光度值 A_{x0}。

$$·OH 清除率(\%) = [A_0 - (A_x - Ax_0)/A_0] \times 100\% \qquad (2.3)$$

式中　A_0——空白对照液的吸光度;

　　　A_x——加入待测溶液后的吸光度;

　　　A_{x0}——不加显色剂 H₂O₂ 的待测溶液吸光度。

将 BHT 和得到的韭菜籽蛋白分别配制成质量浓度为 0.05 mg/mL、0.1 mg/mL、

1.5 mg/mL、1.0 mg/mL、1.5 mg/mL、2.0 mg/mL 的溶液,分别测定·OH 清除率。

8.韭菜籽蛋白 SDS-PAGE 电泳及凝胶成像系统分析。

(1)韭菜籽蛋白质的提取。

采用磷酸盐方法进行提取。

(2)SDS-PAGE 试验。

选择 5%的浓缩胶和 12%的分离胶进行 SDS-PAGE 分析。

①试剂配制。采用 SDS-PAGE 分析,电泳溶液配制如下:

溶液 A:29.2 g 丙烯酰胺,0.8 g 甲叉双丙烯酰胺,溶于纯双蒸水中,定容至 100 mL;

溶液 B:18.2 g Tris 溶于双蒸水中,用 HCl 调 pH 至 8.8,定容至 100 mL;

溶液 C:6.0 g Tris 溶于双蒸水中,用 HCl 调 pH 至 6.8,定容至 100 mL;

电泳缓冲液:3.0 g Tris,14.4 g 甘氨酸,调 pH 至 8.3,定容至 1 L;

样品缓冲液:0.6 mL 1 mol/L Tris-HCl(pH 6.8),5 mL 50% 甘油,2 mL 10% 的 SDS,0.5 mL β-巯基乙醇,1 mL 1% 溴酚蓝,0.9 mL 水;

固定液:500 mL 甲醇,400 mL 双蒸水,100 mL 冰醋酸。

10% 过硫酸铵:1 g 过硫酸铵溶于 10 mL 双蒸水中。

蛋白质 Marker:Rabbit Phosphorylase b（97.4 ku）,Bovine Serum Albu min (66.2 ku),Rabbit Actin（43 ku）,Bovine Carbonic Anhydrase（31 ku）,Trypsin Inhibitor (20.1 ku),Hen Egg White Lysozyme(14.4 ku)。SDS-PAGE 凝胶配方见表 2.2。

表 2.2　SDS-PAGE 凝胶配方

溶液	分离胶 12%	浓缩胶 5%
A 液	4 mL	0.67 mL
B 液	2.5 mL	—
C 液	—	1.0 mL
10%过硫酸铵	50 μL	30 μL
四甲基乙二胺(TEMED)	5 μL	5 μL
ddH$_2$O	3.5 mL	2.3 mL

②SDS-PAGE。取韭菜籽蛋白样品 0.1 g 置于烧杯中,加入 50 mL 双蒸水,搅拌均匀。蛋白样液与样品缓冲溶液按照 1:4 配制上样液,配制后沸水浴 10 min 置离心管中 10 000 r/min,离心 1 min,进行 SDS-PAGE 电泳,上样体积均为 20 μL,1% 考马斯

亮蓝 R – 250 染色,脱色后用凝胶成像系统进行拍照并分析。经凝胶成像分析系统软件分析处理后,计算出各蛋白的相对分子质量、迁移率和质量分数。

9. 韭菜籽蛋白抑菌效果研究。

(1)试验流程。

菌悬液的制备→抑菌效果的测定→最低抑菌浓度的测定→单因素试验→响应面优化。

(2)菌悬液的制备。

参照徐杨的方法,方法略有改动。将受试菌种活化后,分别接种于琼脂斜面,37 ℃培养 24 h,然后用 10 mL 无菌生理盐水将斜面细胞洗下,采用分光光度法和活菌计数法配制成菌液浓度为 $10^6 \sim 10^7$ cfu/mL 的菌液备用。

(3)抑菌效果的测定。

参照周文化等的方法,方法略有改动。用移液枪吸取 0.2 mL 菌悬液,均匀地涂布在牛肉膏蛋白胨平板上;用无菌镊子将直径为 6 mm 的小圆滤纸片浸入配制好的韭菜籽蛋白溶液中,取出,并在容器内壁上滤去多余的试液,将小圆滤纸片贴入牛肉蛋白胨平板的小区(每平板划分 4 个小区)内;将贴好滤纸片的平板倒置在 37 ℃培养箱培养24 h,取出测定抑菌圈的直径,记录并比较结果。无菌生理盐水做空白对照。

(4)最低抑菌浓度的测定。

参照马烁的方法,方法略有改动。采用二倍稀释法,将韭菜籽蛋白分别配制成10 mg/mL、5 mg/mL、2.5 mg/mL、1.25 mg/mL、0.63 mg/mL、0.32 mg/mL、0.16 mg/mL、0.08 mg/mL 溶液,按照上述的方法进行抑菌试验,观察试验结果。通过对大肠杆菌、金黄色葡萄球菌、枯草芽孢杆菌、乳酸菌四种受试菌最低抑菌浓度的研究,选出韭菜籽蛋白抑菌作用明显的菌种作为受试菌,进行单因素试验。

①单因素试验。

a. 加热温度对韭菜籽蛋白抑制大肠杆菌效果的影响。

配制质量浓度为 10 mg/mL 的韭菜籽蛋白溶液,在自然 pH 条件下,用不同温度加热处理 1 h 后,按照上述方法进行抑菌试验,观察处理的韭菜籽蛋白溶液对大肠杆菌的抑菌效果。

b. 加热时间对韭菜籽蛋白抑制大肠杆菌效果的影响。

配制质量浓度为 10 mg/mL 的韭菜籽蛋白溶液,在自然 pH 条件下,在 50 ℃条件下加热处理不同时间,按照上述方法进行抑菌试验观察处理的韭菜籽蛋白溶液对大肠杆菌的抑菌效果。

c. pH 对韭菜籽蛋白抑制大肠杆菌效果的影响。

配制质量浓度为 10 mg/mL 的韭菜籽蛋白溶液,用 1 mol/L 的盐酸和 1 mol/L 的氢氧化钠溶液调节成不同 pH 的蛋白溶液,在温度为 50 ℃加热 3 h 后,用滤纸片法观察处理的韭菜籽蛋白溶液对大肠杆菌的抑菌效果。

②响应面分析法优化韭菜籽提取物处理条件。根据单因素试验结果,设计响应面因素水平方案,研究对大肠杆菌抑菌效果,因素和水平见表 2.3。

表 2.3　响应面试验的因素和水平

水平	因素		
	A(温度/℃)	B(时间/h)	C(pH)
-1	45	2	8
0	50	3	9
1	55	4	10

10. 韭菜籽蛋白对冷却鸡肉保鲜效果的研究。

(1)冷却鸡肉的预处理。

将某公司提供的冷却鸡肉立即放入 0 ~ 4 ℃冰箱中贮藏 8 h,使其中心温度降至 0 ~ 4 ℃。事先用 75% 酒精棉球擦拭刀具和案板,将购回的冷却肉去掉筋膜,切成 10 g 左右肉块,拌匀,使初始菌数相同,再随机分为 18 组(包括空白组),每组 6 块。

以浸入无菌蒸馏水中处理的 6 组样品为空白组,另外 12 组肉块随机分为两组,分别浸入配好的保鲜液和乳酸钠溶液中处理 5 min,取出后自然沥干 5 ~ 8 min,然后置于托盘中用保鲜膜包装,放在 4 ℃冰箱中储存,分别在第 1 天、3 天、5 天、7 天、9 天、11 天对各组肉块进行感官评定,并测定菌落总数、挥发性盐基氮(TVB - N)值、pH 和酸价以确定保鲜液的保鲜效果。

(2)冷却鸡肉的感官评定。

①取出肉样,放置 20 min 后,由 10 个人对鸡肉的色泽、气味、弹性、黏度进行感官评定,并给出评判的分数。

②评定方法。打开保鲜膜后立即闻肉的气味,取出用手触摸,以指压等方式判定弹性及发黏状况,并根据表 2.4 给出评判分数。

表 2.4　冷鲜肉感官评定评分标准

项目	分值				
	10	8	6	4	2
黏度	肉表微湿,不黏手	表面发干,不黏手	略微黏手	比较黏手	明显的腐败味
气味	气味正常	正常气味变淡	轻微异味	轻腐味	无弹性
弹性	肉柔软,弹性好	弹性较好	弹性比较差	弹性差	非常黏手

11. 菌落总数检测。

参照《食品卫生微生物学检测 菌落总数测定》(GB 4789.2—2003)有所改进。在无菌条件下取出一块肉样,用无菌剪刀剪碎后装入 90 mL 无菌生理盐水锥形瓶中(预置一定数量的玻璃球),在摇床中振摇 30 min,制成 1:10 的稀释液,再依次做出 10 倍次的稀释。选取适应的稀释浓度 1 mL 样液加入无菌培养皿中,再加入营养琼脂培养基 15~20 mL,待冷却后置于培养箱中 30 ℃ 培养 48 h。平皿计数,结果以对数 log (cfu/g) 表示。

12. 挥发性盐基氮检测。

取肉样一块,剪细研匀,称取肉样 10.0 g,用 10 倍(100 mL)无氨蒸馏水浸抽 30 min,期间不断振摇,然后过滤,即成 10% 样品浸抽液,加 2% 硼酸溶液和 5~6 滴混合指示剂后,将吸收容器置于冷凝管下端插入液面下,然后取浸抽液 2 mL,置于蒸馏器的反应室中,加入 1% NaOH 溶液 5 mL,迅速盖塞,通过蒸汽,待蒸汽充满蒸馏器时,即关闭蒸汽出口管,由冷凝管出现第一滴凝结水开始计算,蒸馏 5 min 停止,吸收溶液用 0.01 mol/L 盐酸标准溶液滴定,终点呈紫蓝色,同时做平行试验与空白试验,计算(半微量蒸馏法)公式为

$$挥发性盐基氮(TVB-N,mg/100\ g) = \frac{V_1 - V_2}{W} \times N \times 14/100 \qquad (2.4)$$

式中　V_1——样品溶液消耗 0.01 mol/L HCl 标准溶液体积,mL;

　　　V_2——空白溶液消耗 0.01 mol/L 溶液体积,mL;

　　　W——样品的质量,g;

　　　14——1.0 mol/L HCl 标准溶液相当于氮的质量,mg。

13. pH 测定。

按照《肉与肉制品 pH 测定标准》测定,将样品搅碎,称取 10.0 g,加入到含有

90 mL 水的锥形瓶中,振荡 30 min,过滤,测定滤液的 pH。同一试样平行 3 次,取测定结果的平均值。

14. 酸价测定。

取出一块肉样,切成 0.8~1.0 cm³ 小块,放入容器中加热,溶出猪鸡油,冷却。称取 2~3 g 油脂于锥形瓶中,如凝固,可水浴融化,倒入 50 mL 乙醚与乙醇混合液摇动使试样溶解,再加入 3~4 滴 10 g/L 的酚酞指示剂,迅速用 0.1 mol/L 的 KOH 滴定至溶液呈微红色在 30 s 内不消失为终点,记下消耗的 KOH 溶液体积(V),计算公式为

$$X = \frac{c \times V \times 56.1}{m} \tag{2.5}$$

式中　X——油脂酸价,mg/g;

　　　c——KOH 标准溶液的浓度,mol/L;

　　　m——试样的质量,g;

　　　56.1——KOH 的摩尔质量。

15. H_2S 试验。

冷却肉在冷藏中腐败时发酵产生 H_2S,H_2S 作用于醋酸铅,产生黑色的 PbS 沉淀。其原理是 $Pb(CH_3COO_2) + H_2S \longrightarrow 2CH_3COOH + PbS\downarrow$。试验方法:取肉样 50 g,剪成 0.8~1.0 cm³ 的小块,置于试管内,注入稀硫酸以刚好淹没肉块为度。将浸湿的醋酸铅试纸条(以 1.5 cm × 8 cm 滤纸,浸于 10% 醋酸铅水溶液中,以刚好湿润为度)。钩于玻璃棒或铅丝的刺钩上,玻璃棒预先插在橡皮塞中央,再插入试管内,皮塞塞紧管口,使纸条的下端靠近液面,但勿与液体或试管壁接触,放置于试管架上,经 30 min 后观察纸条的颜色。气温低时,试管可浸于 60 ℃ 温水中。若试纸不变色则呈阴性反应,表明肉质新鲜,试纸变成黄褐色或黑色为呈阳性反应,说明肉已开始腐败。

2.2.2　试验结果及分析

1. 蛋白质标准曲线。

考马斯亮蓝法测定蛋白质含量得到的蛋白质标准曲线如图 2.1 所示。

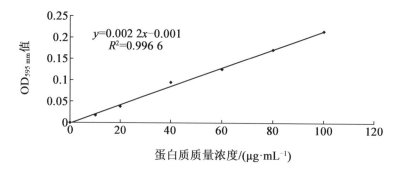

图 2.1　蛋白质含量标准曲线

通过标准曲线得到直线方程 $y = 0.002\,2x - 0.001$,相关系数 $R^2 = 0.996\,6$。根据此标准曲线测定韭菜籽蛋白含量。

2.韭菜籽蛋白提取条件的确定。

(1)提取时间对韭菜籽蛋白提取率的影响。

如图 2.2 所示,随着提取时间的延长,韭菜籽蛋白提取率先增加后减少,在 2 h 左右时达到最大值,之后韭菜籽蛋白提取率开始有所下降,原因是提取时间过长,导致部分蛋白质变性,由图分析可知提取时间为 2 h 时,韭菜籽蛋白提取率最大。

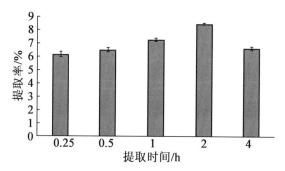

图 2.2　提取时间对韭菜籽蛋白提取率的影响

(2)提取温度对韭菜籽蛋白提取率的影响。

如图 2.3 所示,随着提取温度的升高,韭菜籽蛋白提取率先增加后减少,由于温度过高、过低都会影响蛋白质的生物活性,因此,由图看出,最适提取温度为 48 ℃,此时韭菜籽蛋白提取率最大。

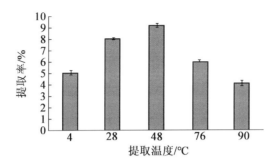

图 2.3　提取温度对韭菜籽蛋白提取率的影响

（3）料液比对韭菜籽蛋白提取率的影响。

如图 2.4 所示，随着缓冲液加入量的增加，韭菜籽蛋白的提取率逐渐增加，但超过 1∶10 后，提取率呈下降的趋势，因此料液比为 1∶10 较为合适。

（4）提取溶液 pH 对韭菜籽蛋白提取率的影响。

如图 2.5 所示，随着提取溶液 pH 的增加，韭菜籽蛋白提取率先增加后减少，在 pH 为 7.5 时达到最大值，故提取 pH 为 7.5 时韭菜籽蛋白提取率最大。

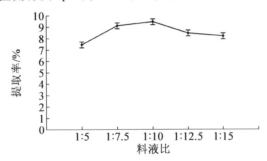

图 2.4　料液比对韭菜籽蛋白提取率的影响

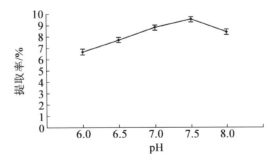

图 2.5　提取溶液 pH 对韭菜籽蛋白提取率的影响

3. 韭菜籽蛋白提取条件优化。

$L_9(3^4)$ 正交试验结果见表 2.5。

表 2.5　$L_9(3^4)$ 正交试验结果

试验号	A	B	C	D	提取率/%
1	1	1	1	1	7.57
2	1	2	2	2	8.21
3	1	3	3	3	8.48
4	2	1	2	3	7.74
5	2	2	3	1	7.18
6	2	3	1	2	9.11
7	3	1	3	2	8.39
8	3	2	1	3	9.22
9	3	3	2	1	6.40
K_1	24.261	23.7	25.899	21.15	
K_2	24.03	24.609	22.35	25.71	
K_3	24.009	23.991	24.051	25.44	
k_1	8.087	7.9	8.633	7.05	
k_2	8.01	8.203	7.450	8.57	
k_3	8.003	7.997	8.017	8.48	
极差	0.084	0.303	1.183	1.52	
主次顺序			$D > C > B > A$		
优水平	$A_1 > A_2 > A_3$	$B_2 > B_3 > B_1$	$C_1 > C_3 > C_2$	$D_2 > D_3 > D_1$	
优组合			$A_1 B_2 C_1 D_2$		

由表 2.5 可知,韭菜籽蛋白的最佳提取工艺条件为 $A_1 B_2 C_1 D_2$。但由于料液比 1∶7.5 过小,在试验过程中会造成较大误差,再考虑到原料经济成本问题,因此确定料液比为 1∶10,即最佳工艺是提取温度为 48 ℃,提取时间为 1.5 h,提取 pH 为 7.5,料液比为 1∶10。由极差分析可知,因素主次关系为 $D > C > B > A$,即 pH 为主要因素,其次为料液比、提取温度和提取时间。正交试验方差分析见表 2.6。由表 2.6 可知,$F_A = 0.166 < F_{0.05(2,4)} = 6.94$,$F_B = 1.834 < F_{0.05(2,4)} = 6.94$,认为因素 A 和 B 对试验结果无

显著影响,而 $F_C = 26.777 > F_{0.01(2,4)} = 18$,$F_D = 55.580 > F_{0.01(2,4)} = 18$,认为因素 C 和 D 对试验结果有极显著影响。在最佳条件 $A_1B_2C_2D_2$(即在提取时间为 1.5 h,温度为 48 ℃,料液比为 1:10,pH 为 7.5 条件下)进行验证试验,测得韭菜籽蛋白提取率为 9.87%。

表 2.6　正交试验方差分析

方差来源	偏差平方和	自由度	方差	F 值	F_α	显著性
A	0.013	2	0.006 5	0.166	$F_{0.05(2,4)} = 6.94$	不显著
B	0.144	2	0.072	1.834	$F_{0.01(2,4)} = 18$	不显著
C	2.102	2	1.05	26.777		极显著
D	4.363	2	2.182	55.580		极显著
误差 e	0.16	4				

4. 韭菜籽蛋白的抗氧化活性测定。

(1)韭菜籽蛋白和 BHT 对 DPPH· 的清除效果。

如图 2.6 所示,以 BHT 为对照,随着韭菜籽蛋白浓度的提高,清除率逐渐增大。当质量浓度为 2 mg/mL 时,清除率达 25.2%。由于 DPPH· 体系中乙醇是溶剂,因此 BHT 溶解度较高,当 BHT 质量浓度为 2 mg/mL 时,清除率可达 93.68%。由此可知,在乙醇体系中,BHT 对 DPPH· 的清除效果优于韭菜籽蛋白。

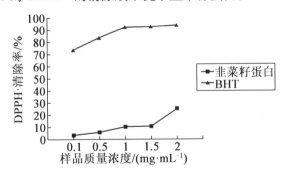

图 2.6　韭菜籽蛋白和 BHT 对 DPPH· 清除效果比较

(2)韭菜籽蛋白和 BHT 对 ·OH 的清除效果。

如图 2.7 所示,韭菜籽蛋白对 ·OH 有较好的清除能力。在质量浓度为 0.1～1 mg/mL 时,其对 ·OH 的清除率高于 BHT。在质量浓度为 1 mg/mL 时,清除率可达 73.37%。

5. 小结。

本节试验重点研究了影响磷酸缓冲液提取的因素,采用4因素3水平正交试验法确定了磷酸缓冲液提取韭菜籽蛋白的最佳工艺,在提取温度48 ℃,提取时间1.5 h,pH为7.5和料液比1:10的条件下,韭菜籽蛋白的提取率为9.87%,并对·OH和DPPH·有一定的清除效果,初步确定采用磷酸盐缓冲溶液提取得到的韭菜籽蛋白具有抗氧化活性。

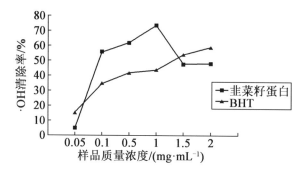

图2.7　韭菜籽蛋白和BHT对·OH清除效果比较

2.2.3　韭菜籽蛋白 SDS – PAGE 电泳及凝胶成像系统分析

1. SDS – PAGE 电泳分析。

如图2.8所示,采用磷酸盐法提取的韭菜籽蛋白,经多次 SDS – PAGE 电泳图谱分析,得到电泳图谱条带均为5条,有轻微的拖带现象,可能是蛋白质溶解不好导致。由电泳图谱初步算得5条带的分子量分别为50.35 ku、39.5 ku、24.45 ku、21.1 ku 和13.5 ku。

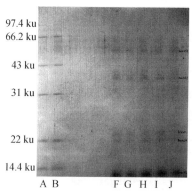

图2.8　SDS – PAGE 电泳图

A、B—marker;C、D、E—空白泳道;F、G、H、I、J—韭菜籽蛋白

2. 凝胶成像系统对韭菜籽蛋白分子量分析。

标准蛋白和韭菜籽蛋白的分子量见表 2.7。条带 A 的分子量由凝胶成像系统紫外吸收标注,系统以条带 A 的分子量为参照标记出其他条带的分子量。由表 2.7 可知,采用磷酸盐提取得到的韭菜籽蛋白的分子量平均值分别为 53.86 ku、37 ku、23.44 ku、22.08 ku 和 12.79 ku;由分子量求得的方差分别为 0.012 67、0.005 43、0.006 88、0.011 38 和 0.023 46。根据方差统计可知,方差越小说明与真实值之间的误差越小。因此,由此方法得到的样品的分子量接近于真实值。

表 2.7 标准蛋白和韭菜籽蛋白的分子量

条带	各蛋白条带分子量							韭菜籽蛋白分子量方差分析
	A	B	F	G	H	I	J	
1	97.4	98.927	53.82	54.028	53.959	53.751	53.751	0.012 67
2	66.2	67.609	37.077	37.149	37.149	37.005	37.222	0.005 43
3	43	43.472	23.425	23.381	23.381	23.569	23.554	0.006 88
4	31	31.078	21.982	22.018	22.018	22.088	22.279	0.011 38
5	22	22.053	12.678	12.632	12.747	12.816	13.068	0.023 46
6	14.4	14.451						

3. 凝胶成像系统对蛋白迁移率的分析。

根据 SDS – PAGE 凝胶图谱进行迁移率分析,得到条带的迁移率见表 2.8。

表 2.8 标准蛋白和样品蛋白的迁移率

条带	各蛋白条带迁移率						
	A	B	F	G	H	I	J
1	0.062	0.057	0.219	0.22	0.218	0.221	0.222
2	0.136	0.132	0.39	0.388	0.389	0.389	0.387
3	0.31	0.305	0.727	0.726	0.726	0.72	0.713
4	0.486	0.484	0.77	0.771	0.766	0.765	0.756
5	0.77	0.767	0.975	0.976	0.97	0.967	0.966
6	0.937	0.935					

　　根据条带 A 的迁移率和分子量大小,计算出标准蛋白条带 A 的标准曲线,如图 2.9 所示。

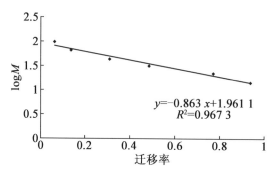

$$y = -0.863\,x + 1.961\,1$$
$$R^2 = 0.967\,3$$

图 2.9　标准蛋白条带 A 的标准曲线

　　根据标准蛋白条带 A 的标准曲线图和迁移率的分析,得出相应泳道的分子量,见表 2.9。

表 2.9　迁移率计算得到的蛋白分子量

条带	各蛋白条带分子量					
	B	F	G	H	I	J
1	81.639	59.164	59.047	59.282	58.926	58.812
2	70.333	42.116	42.284	42.2	42.2	42.368
3	49.868	21.555	21.598	21.598	21.857	22.164
4	34.939	19.789	19.75	19.948	19.987	20.348
5	19.908	13.167	13.141	13.298	13.141	13.404
6	14.256					

　　由表 2.9 和表 2.10 对比可知,由迁移率计算得到的韭菜籽蛋白分子量的平均值分别为 59.05 ku、42.23 ku、21.55 ku、19.96 ku、13.23 ku,与采用紫外吸收标注法得到的韭菜籽蛋白的分子量平均值(接近真实值)相比较,相对误差分别为 9.63%、14.14%、7.19%、9.58% 和 3.44%。因此,采用迁移率方法得到的韭菜籽蛋白的分子量的平均值与真实值相比偏差较大。根据郭尧君的研究结果,迁移率应控制在 0.25 ~ 0.85 之间,才能获得较好的 SDS – PAGE 电泳分辨率。

4. 韭菜籽蛋白含量计算。

韭菜籽蛋白含量见表 2.10。由表 2.10 可知,凝胶成像系统定量法分析获得采用磷酸盐法提取得到的韭菜籽蛋白的 SDS - PAGE 条带含量分别约为 21.33%、50.37%、3.57%、20.46% 和 5.031%。

表 2.10　韭菜籽蛋白含量

条带	F		G		H		I		J		Total	
	含量 /%	峰面积	含量 /%	峰面积	含量 /%	峰面积	含量 /%	峰面积	含量 /%	峰面积	总面积	总含量 /%
1	20.901	74 271	18.5	61 919	18.589	62 219	22.179	73 968	22.405	76 103	348 480	21.33
2	49.53	176 000	52.159	174 580	50.451	173 910	49.324	164 498	48.348	164 225	853 213	50.37
3	0.346 7	1 232	3.802	12 728	4.825	16 150	4.281	14 276	4.74	16 100	60 486	3.57
4	24.27	86 240	19.99	66 908	18.183	60 860	19.618	65 427	19.783	67 197	346 632	20.46
5	4.953	17 599	5.54	18 575	5.281	17 679	4.598	15 334	4.725	16 049	85 236	5.031

5. 小结。

从 SDS - PAGE 电泳图谱可以清晰地看到韭菜籽蛋白电泳条带。采用凝胶成像系统软件分析可知,韭菜籽蛋白的分子量在 12 ~ 54 ku 之间,含量分别为 21.33%、50.37%、3.57%、20.46%、5.031%。通过对韭菜籽蛋白的分子量和含量的分析,可以为韭菜籽蛋白进一步开发利用提供参考。

2.2.4　韭菜籽蛋白抑菌效果研究

1. 韭菜籽蛋白对不同菌种的最低抑菌浓度。

韭菜籽蛋白最低抑菌浓度见表 2.11。由表 2.11 可知,韭菜籽蛋白溶液对四种受试菌均有抑菌作用,其中对大肠杆菌和枯草芽孢杆菌的抑菌作用尤为明显,其最低抑菌浓度(质量浓度)分别为 0.32 mg/mL 和 0.16 mg/mL。对金黄色葡萄球菌和乳酸菌的有一定的抑菌效果,最低抑菌浓度分别为 2.5 mg/mL 和 0.63 mg/mL。由此,选择大肠杆菌作为下一步研究的受试菌。

表 2.11　韭菜籽蛋白最低抑菌浓度

受试菌种	抑菌浓度/(mg·mL^{-1})								无菌生理盐水
	10	5	2.5	1.25	0.63	0.32	0.16	0.08	
	抑菌圈直径/mm								
大肠杆菌	8.96	8.23	7.35	7.04	6.98	6.43	6.00	—	6.00
枯草芽孢杆菌	10.44	8.94	8.43	8.21	7.73	7.56	6.47	6.00	6.00
金黄色葡萄球菌	8.48	8.21	7.36	6.00	—	—	—	—	6.00
乳酸菌	10.70	9.61	9.39	7.78	7.48	6.00	—	—	6.00

注:小圆滤纸片的直径为 6 mm,在抑菌圈直径为 6 mm 时抑菌作用实际上为 0;"—"为未测定。

2. 不同条件对大肠杆菌的抑菌效果。

(1)加热处理对韭菜籽蛋白抑制大肠杆菌的影响。

在不同温度条件下处理韭菜籽蛋白 1 h,测定抑菌圈大小,结果如图 2.10 所示。结果表明,韭菜籽蛋白在 50 ℃时,其抑制大肠杆菌活性最大,当超过 50 ℃时,韭菜籽蛋白抑制大肠杆菌活性逐渐下降,在 60 ℃时,韭菜籽蛋白完全失去抑菌活性。其原因可能是超过 50 ℃后,随着温度的升高蛋白质的活性逐渐降低,在 60 ℃时蛋白质完全失活,从而失去抑菌活性。

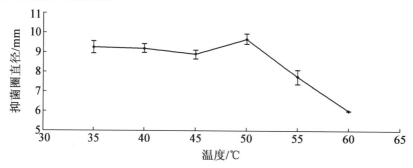

图 2.10　加热处理对韭菜籽蛋白抑制大肠杆菌效果的影响

(2)热处理时间对韭菜籽蛋白抑菌的影响。

根据上述试验结果,在 50 ℃下将韭菜籽蛋白水浴加热不同时间测定抑制大肠杆菌活性,结果如图 2.11 所示。试验结果表明,韭菜籽蛋白在 50 ℃条件下,随着时间的延长,抑菌活性先逐渐增强后又逐渐减弱,在处理时间为 3 h 时抑菌活性最大。其原因可能是随着热处理时间的增加,蛋白质的活性先增强后减弱。在处理时间为 3 h

时,韭菜籽蛋白活性最高,因此抑菌活性最强。

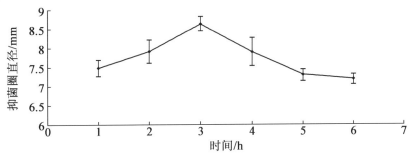

图 2.11　热处理时间对韭菜籽蛋白抑制大肠杆菌效果的影响

(3)酸碱处理对韭菜籽蛋白抑菌活性的影响。

根据上述试验结果,将韭菜籽蛋白分别调配成不同的 pH,在 50 ℃条件下水浴处理 3 h 后,测定其抑制大肠杆菌效果,结果如图 2.12 所示。由图 2.12 可知,韭菜籽蛋白在 pH 为 5~10 时均有一定的抑菌活性,在 pH 为 9 时抑菌活性尤为明显,当 pH > 9 时,抑菌活性明显降低,其原因可能是 pH 大于 9 的碱性条件下,韭菜籽蛋白的活性明显降低,从而导致抑菌活性下降。

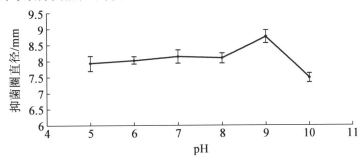

图 2.12　酸碱处理对韭菜籽蛋白抑制大肠杆菌效果的影响

3.响应面分析法优化韭菜籽蛋白抑制大肠杆菌条件分析。

(1)响应面试验结果。

利用 Design Expert 7.1 软件中的 Central Composite 中心组合设计,对处理温度、处理时间和处理 pH 设计响应面试验与分析,结果见表 2.12。

表2.12　响应面试验结果

试验号	A	B	C	抑菌圈直径/mm
1	− 1	− 1	0	8.12
2	− 1	1	0	8.64
3	1	− 1	0	10.24
4	1	1	0	8.66
5	0	− 1	− 1	9.68
6	0	− 1	1	8.84
7	0	1	− 1	8.92
8	0	1	1	9.14
9	− 1	0	− 1	8.44
10	1	0	− 1	9.74
11	− 1	0	1	8.46
12	1	0	1	9.16
13	0	0	0	9.96
14	0	0	0	9.84
15	0	0	0	10.02

采用 Design Expert 7.1 软件对试验结果进行回归分析,得到处理温度(A)、处理时间(B)和 pH(C)3 个因素对韭菜籽蛋白抑制大肠杆菌效果影响的表征方程:

$$Y = -110.947\ 5 + 3.128\ 5A + 5.165B + 7.397\ 5C - 0.105AB - 0.03AC + 0.265BC - 0.024\ 4A^2 - 0.415B^2 - 0.38C^2 \tag{2.6}$$

对模型进行回归方程的方差分析,得到的结果见表2.13。

表2.13　回归方程的方差分析

来源	平方和	自由度	均方	F 值	Prob > F	显著性
模型	6.31	9	0.70	54.16	0.000 2	＊＊
A	2.14	1	2.14	165.57	<0.000 1	＊＊＊
B	0.29	1	0.29	22.32	0.005 2	＊＊
C	0.17	1	0.17	13.45	0.014 5	＊＊
AB	1.10	1	1.10	85.20	0.000 3	＊＊

续表 2.13

来源	平方和	自由度	均方	F 值	Prob > F	显著性
AC	0.090	1	0.090	6.96	0.046 1	＊＊
BC	0.28	1	0.28	21.71	0.005 5	＊＊
A^2	1.37	1	1.37	106.18	0.000 1	＊＊
B^2	0.64	1	0.64	49.14	0.000 9	＊＊
C^2	0.53	1	0.53	41.20	0.001 4	＊＊
残差	0.065	5	0.013			
失拟项	0.048	3	0.016	1.90	0.363 0	
纯误差	0.017	2	0.008 4			
总差	6.37	14				

注:$P < 0.001$ 代表差异极显著(＊＊＊);$P < 0.01$ 代表差异较显著(＊＊);$P < 0.05$ 代表差异显著(＊);$P > 0.05$ 代表不显著。

由表 2.13 结果表明,该回归模型试验因素一次项、二次项,均达到显著水平。失拟向(Prob > F 值为 0.363 0)不显著,表明二次方程模型对试验拟合度较好,其中一次项 A 的 P 值 < 0.000 1,说明处理温度对抑制大肠杆菌作用影响极为显著,B 和 C 的 P 值均小于 0.05,说明时间和 pH 对抑制大肠杆菌作用影响较为显著;同时二次项的 P 值都小于 0.05,具有很高的显著性,说明响应值的变化相对复杂,各个试验因子对响应值的影响不是简单的线性关系,曲面效应显著。相关系数 $R^2 = 0.989$ 8,回归方程高度显著,说明响应值的变化有 98.98% 来源于所选变量,即温度、时间和 pH,交互项 AB、AC、BC 的 P 值表明其三者的交互作用对抑制大肠杆菌效果影响极为显著。

(2)响应面和等高线分析。

对二次回归模型进行响应面分析,获得响应面立体图如图 2.13 ~ 2.15 所示。

图 2.13 ~ 2.15 直观地反映了各因素对响应值的影响,在选定范围内存在极值。图 2.13 ~ 2.15 等高线图均近似椭圆,说明选定范围内处理温度、时间与 pH 交互作用显著,这与方差分析结果一致;因为等高线图的形状可以反映出交互作用的强弱,椭圆表示两个因素作用显著,圆形则相反。

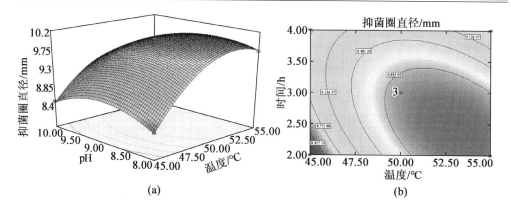

图 2.13　$Y = f(A, B)$ 的响应面（$C = 9.0$）

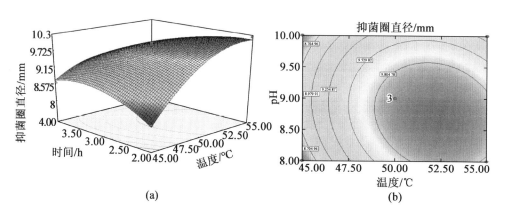

图 2.14　$Y = f(A, C)$ 的响应面（$B = 3.0$）

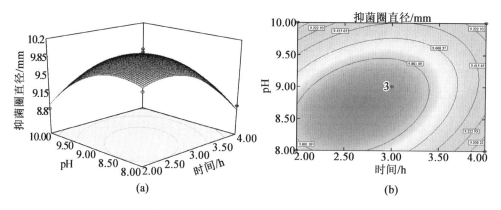

图 2.15　$Y = f(B, C)$ 的响应面（$A = 50$）

（3）处理条件的优化与验证试验。

利用 Design Expert 7.1 软件中的 Optimization 分析得韭菜籽蛋白的最佳处理条件:温度为 54.7 ℃,时间为 2.0 h,pH 为 8.27,在此条件下抑菌圈直径的理论值为 10.36 mm。在以上优化条件下进行验证试验,结果证明,抑菌圈直径试验值 10.34 mm 与理论值 10.36 mm 接近。

4. 小结。

大肠杆菌和金黄色葡萄球菌是肉制品中常见的腐败菌和致病菌。因此,在肉制品中控制大肠杆菌、枯草芽孢杆菌、乳酸菌和金黄色葡萄球菌的生长与繁殖很有必要。本试验以对韭菜籽蛋白最敏感的菌种之一的大肠杆菌作为研究对象,通过对韭菜籽蛋白不同处理条件的分析以及响应面法建立的各因素与响应值之间的数学模型,可以较直观地看出不同处理条件之间的交互作用,并以此对韭菜籽蛋白的处理条件进行优化,优化后的韭菜籽蛋白抑制大肠杆菌效果明显增强。同时通过试验研究,为韭菜籽蛋白作为食品保藏、防腐的天然无毒生物防腐剂提供一定的理论依据。

2.2.5　韭菜籽蛋白对冷却鸡肉保鲜效果的研究

1. 感官评定结果。

各组肉西半球感观评价结果见表 2.14。从表 2.14 可以看出,在整个保藏期间,每个试样的感官评分都呈递减趋势。不同种类保鲜液处理的试样,其感官评分不同。其中,经韭菜籽蛋白液和乳酸钠处理过的肉感官评分较对照组高。表明韭菜籽蛋白液对肉的保鲜有一定的效果。

表 2.14　各组肉样感官评价结果

保鲜液种类	储存天数/d					
	1	3	5	7	9	11
对照组	8.5	7.0	5.3	4.8	3.2	2.1
韭菜籽蛋白液	8.5	7.5	6.4	5.0	4.8	3.6
乳酸钠溶液	8.5	8.3	7.2	6.9	5.0	4.6

2. 菌落总数的测定。

如图 2.16 所示,在 4 ℃贮藏期间,各组的细菌总数随着时间的延长显著上升,这与前期研究结果一致。经过韭菜籽蛋白液和乳酸钠处理过的肉样在贮藏期间细菌总数一直低于对照组。加入韭菜籽蛋白液组和乳酸钠组在第 5 天的时细菌总数仍然保持在 $10^5 \sim 10^6$ cfu/g,属于次级鲜肉,此时对照组已明显超标。在第 7 天时加入韭菜籽蛋白液组细菌总数 $> 10^6$ cfu/g,属于腐败肉。在第 9 天时候各处理组都已经超过一级新鲜肉的标准。试验结果表明韭菜籽蛋白液对肉类表面的腐败菌生长具有较好的抑制作用,起到保鲜的效果。

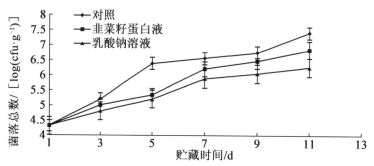

图 2.16　菌落总数测定结果

3. TVB – N 含量的测定。

TVB – N 是评价鲜肉品质的重要指标之一。随着肉的腐败程度加深 TVB – N 值会随之增加,如图 2.17 所示,每组的 TVB – N 含量随着贮藏时间的延长不断增加,这与刘利萍等的研究一致。经过韭菜籽蛋白液和乳酸钠处理组的肉样 TVB – N 值一直低于对照组。对照组在第 7 天时已经超过一级鲜肉的标准,而其余两组仍然低于一级鲜度标准。第 9 天时,对照组 TVB – N 含量为 30.6 mg/100 g,已经达到腐败肉级别。在整个贮藏期间韭菜籽蛋白液处理组的 TVB – N 值一直在二级鲜度内。

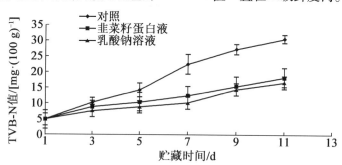

图 2.17　TVB – N 含量测定结果

4. pH 的测定。

如图 2.18 所示,随着贮藏时间的延长,各组的 pH 出现先上升后下降的趋势,其原因可能是微生物进行厌氧酵解,产生大量乳酸和磷酸使肉的 pH 降低。空白组 pH 上升最快,其次为韭菜籽蛋白液处理组,乳酸钠处理组上升较慢,在第 5 天时对照组的 pH 已经明显超标成为腐败肉,而此时另外两处理组分别保持在鲜肉和次鲜肉的 pH 范围内。第 7 天时各组只有乳酸钠处理组保持在次鲜肉范围内,在第 11 天所有组均超标成为腐败肉。试验结果表明,乳酸钠处理组和韭菜籽蛋白液处理组对新鲜肉能有效控制 pH 上升。

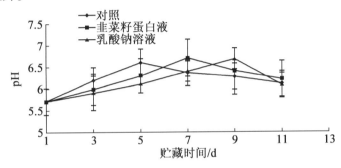

图 2.18　pH 测定结果

5. 酸价的测定。

各处理组鸡肉酸价测定结果见表 2.15。由表 2.15 可知,韭菜籽蛋白液与乳酸钠溶液对于抑制脂肪的酸败效果不明显,对照组和试验组的结果相近,但各组酸价的测定结果略有不同,除与肉中脂肪酸败有关外,也可能与保鲜剂的调酸处理有一定的关系。

表 2.15　各处理组鸡肉酸价测定结果

保鲜液种类	储存天数/d					
	1	3	5	7	9	11
对照组	3.01	3.16	3.28	3.44	3.65	3.74
韭菜籽蛋白液	3.01	2.98	3.15	3.21	3.43	3.62
乳酸钠溶液	3.01	2.86	3.26	3.18	3.12	3.14

注:测定鲜肉酸价为 1.5。

6. H_2S 试验。

H_2S 试验结果见表 2.16。从表 2.16 可以看出,对照组在第 5 天时已达到腐败肉级别,而经韭菜籽蛋白液和乳酸钠处理的肉样分别到第 7 天和第 11 天才到达阿道夫白肉的级别。说明韭菜籽蛋白液对肉制品有较好的保鲜作用。从 H_2S 试验情况来看,以第三组的效果最好,第二组的次之,阳性反应时间推迟,明显优于对照组。但 H_2S 试验呈现阳性,并不能完全说明肉已发生腐败,因为肉在成熟自溶的过程中,肯定会有 H_2S 产生,使测定结果呈现阳性。只有当 H_2S 浓度达到一定程度时,才开始出现肉腐败的特征。因此,H_2S 试验只能作为鉴别肉品的参考性指标。

表 2.16　H_2S 试验结果

保鲜液种类	储存天数/d					
	1	3	5	7	9	11
对照组	–	–	+	+	+	+
韭菜籽蛋白液	–	–	–	+	+	+
乳酸钠溶液	–	–	–	–	3.12	+

注:"–"表示呈阴性,"+"表示呈阳性。

冷却肉的腐败变质主要是由微生物大量繁殖引起的蛋白质分解及脂肪受微生物和环境影响的氧化酸败。因此,保鲜剂的作用是降低冷却肉初始菌数和抑制残留微生物的繁殖,保持肉的良好色泽及脂肪稳定性。韭菜籽蛋白作为天然保鲜剂既安全又卫生,经韭菜籽蛋白液处理的冷却肉感官评分值下降减缓,细菌总数、TVB – N 值、pH、酸价以及 H_2S 试验均低于对照。试验结果表明,韭菜籽蛋白能够有效地延缓肉品腐败变质,延长肉品保鲜期,为冷却肉保鲜技术的发展提供了理论基础。

7. 小结。

(1) 磷酸盐法提取韭菜籽蛋白及抗氧化活性研究。

以脱脂韭菜籽粉为原料,采用磷酸盐法制备韭菜籽蛋白。以韭菜籽蛋白的提取率、DPPH·自由基清除率及羟基自由基(·OH)清除率为指标,对提取温度、提取时间、pH 及料液比 4 个因素各取 3 个水平,进行 $L_9(3^4)$ 正交试验,确定最优的制备工艺。最优的工艺条件:提取温度为 48 ℃,提取时间为 1.5 h,pH 为 7.5,料液比为 1:10。在此条件下进行验证试验,测得韭菜籽蛋白的提取率为 9.87%,在韭菜籽蛋白浓度分别为 1 mg/mL 和 2 mg/mL 时,对·OH 和 DPPH·清除率分别为 73.37% 和 25.2%,说明采用磷酸盐法制备得到的韭菜籽蛋白具有抗氧化活性。

（2）韭菜籽蛋白 SDS‐PAGE 电泳及凝胶成像系统分析。

采用 SDS‐PAGE 不连续电泳分离韭菜籽蛋白并用凝胶成像系统分析其分子量、含量及迁移率。结果表明：电泳图谱经凝胶成像分析目的蛋白的分子量依次为 53.86 ku、37.00 ku、23.44 ku、22.08 ku 和 12.79 ku，5 种蛋白质含量分别约为 21.33%、50.37%、3.57%、20.46%、5.031%。

（3）韭菜籽蛋白抑菌效果研究。

以大肠杆菌、金黄色葡萄球菌、枯草芽孢杆菌、乳酸菌为受试菌，考察韭菜籽蛋白对这几种菌的抑菌作用。结果表明：韭菜籽蛋白对这几种菌的最低抑制浓度分别为 0.32 g/L、2.50 g/L、0.16 g/L 和 0.63 g/L。以大肠杆菌为研究对象，采用响应面法优化处理条件，建立响应曲面模型，确定了韭菜籽蛋白抑制大肠杆菌的最适处理条件，即韭菜籽蛋白在 pH 为 8.27，处理温度为 54.7 ℃下处理 2.0 h，抑菌效果最佳。

（4）韭菜籽蛋白对冷却鸡肉保鲜效果的研究。

韭菜籽蛋白作为天然保鲜剂既安全又卫生，经韭菜籽蛋白处理的冷却肉感官评分值下降减缓，细菌总数、TVB‐N 值、pH、酸价以及 H_2S 试验均低于对照。试验结果表明，韭菜籽蛋白能够有效延缓肉品腐败变质，延长肉品保鲜期，为冷却肉保鲜技术的发展提供了理论基础。

2.3　酶解法提取韭菜籽蛋白及抗氧化活性研究

2.3.1　酶解法提取韭菜籽蛋白工艺流程

脱脂韭菜籽粉→酶解→离心（4 000 r/min、10 min）→上清液→盐析→透析→冷冻干燥→韭菜籽蛋白粉。

2.3.2　蛋白质标准曲线的绘制

分别取 0、0.02、0.04、0.06、0.08、0.10 mL 的质量浓度为 1 mg/mL 的标准牛血清蛋白溶液于试管中，再加蒸馏水补充至 1.00 mL，然后取 5 mL 已配制好的考马斯亮蓝于试管中，摇匀，在 5 min 后测其在 595 nm 下的吸光度值，并绘制标准曲线。

2.3.3　纤维素酶酶解法提取韭菜籽蛋白单因素试验

酶解对韭菜籽蛋白提取效果主要受到酶含量、温度、提取时间及料液比的影响。需要通过试验明确各因素对提取效果的影响程度。

1.酶含量对韭菜籽蛋白得率的影响。

准确称取脱脂韭菜籽粉末 1 g,加入 10 mL pH 4.5 的 0.05 mol/L 乙酸 – 乙酸钠缓冲液,酶添加量分别为 0.1%、0.3%、0.5%、0.7%、0.9%,在 50 ℃下酶解 2 h,离心 10 min(4 000 r/min),得上清液,计算韭菜籽蛋白得率。

2.料液比对韭菜籽蛋白得率的影响。

料液比过低或过高都会影响蛋白质的得率,当料液比过低时,韭菜籽粉很难与水充分混合,造成原料吸水不足,不利于韭菜籽粉中蛋白质的提取。准确称取脱脂韭菜籽粉末 1 g,酶添加量为 0.7%,分别加入 6 mL、7 mL、8 mL、9 mL、10 mL 0.05 mol/L pH 4.5 的乙酸 – 乙酸钠缓冲液,即液料比为 1∶6、1∶7、1∶8、1∶9、1∶10,在 50 ℃下酶解 2 h,离心 10 min(4 000 r/min),得上清液,计算韭菜籽蛋白得率。

3.提取时间对韭菜籽蛋白得率的影响。

准确称取脱脂韭菜籽粉末 1 g,酶添加量为 0.7%,加入 7 mL pH 4.5 的 0.05 mol/L 乙酸 – 乙酸钠缓冲液,在 50 ℃条件下分别酶解 1 h、2 h、3 h、4 h、5 h,离心 10 min(4 000 r/min),得上清液,计算韭菜籽蛋白得率。

4.提取温度对韭菜籽蛋白得率的影响。

准确称取脱脂韭菜籽粉末 1 g,酶添加量为 0.7%,加入 10 mL pH 4.5 的 0.05 mol/L 乙酸 – 乙酸钠缓冲液,分别在 30 ℃、40 ℃、50 ℃、60 ℃、70 ℃下酶解 3 h,离心 10 min(4 000 r/min),得上清液,计算韭菜籽蛋白得率。

2.3.4　盐析、透析冷冻干燥

向提取的韭菜籽粗蛋白液中缓慢加入饱和硫酸铵溶液,静置 8 h。然后在 6 000 r/min 条件下离心 15 min,装入透析袋,在 4 ℃条件下透析 48 h。冷冻干燥,得韭菜籽蛋白。

2.3.5　得率测定公式

$$韭菜籽蛋白得率(\%) = \frac{提取液中蛋白质含量}{韭菜籽质量} \times 100\% \qquad (2.7)$$

2.3.6　响应面法优化韭菜籽蛋白提取工艺试验设计

通过单因素试验的初步结果,得到在韭菜籽蛋白的提取过程中,酶含量、液料比、提取时间及提取温度 4 个方面的最佳条件,然后进行 4 因素 3 水平共 29 个试验点(5 个中心点)的响应面分析试验,试验的因素与水平见表 2.17,利用 Design – Expert 软件程序分析各单因素对韭菜籽蛋白得率的影响,找出最佳条件。

表 2.17　响应面分析法的因素与水平

水平	因素			
	A(酶含量/%)	B(料液比)	C(提取时间/h)	D(提取温度/℃)
−1	0.6	1:6	2.5	45
0	0.7	1:7	3.0	50
1	0.8	1:8	3.5	55

2.3.7　抗氧化性指标的检测

1. 对 DPPH· 清除效果的测定。

参考任海伟等的方法,取样品液 2 mL 及 2 mL 2 × 10⁻⁴ mol/L DPPH· 溶液加入具塞试管中,摇匀,暗处反应 30 min,在 517 nm 下比色,测定其吸光度 A_i;再测定 DPPH· 溶液与无水乙醇 1:1 混合的吸光度 A_c 及 2 mL 样品液与 2 mL 无水乙醇的吸光度 A_j。

$$\text{DPPH·清除率}(\%) = \frac{1 - (A_i - A_j)}{A_c} \times 100\% \qquad (2.8)$$

式中　A_c——DPPH· + 无水乙醇吸光度;

　　　A_i——样品液 + DPPH· 吸光度;

　　　A_j——样品液 + 无水乙醇吸光度。

将 BHT 和得到的韭菜籽蛋白分别配成质量浓度为 0.05 mg/mL、0.1 mg/mL、0.5 mg/mL、1.0 mg/mL、1.5 mg/mL、2.0 mg/mL 的溶液,分别测定对 DPPH· 的清除率。

2. 对 ·OH 清除效果的测定。

参考郭倩等的方法,反应体系中加入 9 mmol/mL FeSO₄ 2 mL,9 mmol/mL 水杨酸 – 乙醇 2 mL,样品 3 mL,然后加 8.8 mmol/mL H₂O₂ 2 mL,启动反应,37 ℃反应 1 h,

以蒸馏水为参比,在 510 nm 下测样品的吸光度值 A_x;反应体系中加入 9 mmol/mL Fe-SO$_4$ 2 mL,9 mmol/mL 水杨酸 – 乙醇 2 mL,3 mL 蒸馏水和 8.8 mmol/mL H$_2$O$_2$ 2 mL,以蒸馏水为参比,在 510 nm 下测空白对照的吸光度值 A_0,反应体系中加入 9 mmol/mL FeSO$_4$ 2 mL,9 mmol/mL 水杨酸 – 乙醇 2 mL,样品 3 mL 和 2 mL 蒸馏水,以蒸馏水为参比,在 510 nm 下测定吸光度值 A_{x0}。

$$\cdot OH\ 清除率(\%) = \frac{A_0 - (A_x - A_{x_0})}{A_0} \times 100\% \tag{2.9}$$

式中　A_0——空白对照的吸光度;

　　　A_x——加入待测夜后的吸光度;

　　　A_{x0}——不加显色剂 H$_2$O$_2$ 的待测夜的吸光度。

将 BHT 和得到的韭菜籽蛋白分别配成质量浓度为 0.05 mg/mL、0.1 mg/mL、0.5 mg/mL、1.0 mg/mL、1.5 mg/mL、2.0 mg/mL 的溶液,分别测定·OH 清除率。

2.3.8　结果与分析

1. 蛋白质标准曲线。

蛋白质标准曲线如图 2.19 所示。

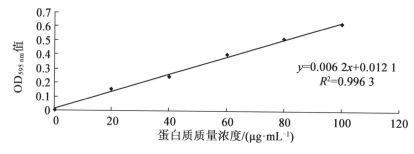

图 2.19　蛋白质质标准曲线

通过绘制标准曲线,得到直线方程 $y = 0.006x + 0.012\ 1$,相关系数 $R^2 = 0.996\ 3$,呈现较好的线性关系,根据此标准曲线测定韭菜籽蛋白含量。

2. 韭菜籽蛋白提取条件的确定。

(1)酶含量对韭菜籽蛋白得率的影响。

如图 2.20 所示,随着酶含量的升高,韭菜籽蛋白的得率呈现先增加后降低的趋势,当酶含量为 0.7% 时,韭菜籽蛋白得率最高,继续添加酶提取率降低。由于酶本身也是蛋白质,是被作用物的类似物,添加量过多会使酶不能充分发挥作用。

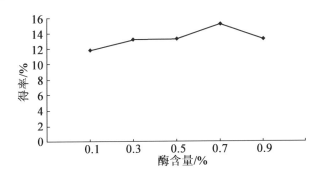

图 2.20　酶含量对韭菜籽蛋白得率的影响

（2）料液比对韭菜籽蛋白得率的影响。

如图 2.21 所示,随缓冲液的加入,溶解的蛋白质增加,得率增加;继续增加缓冲液的量,会稀释酶的浓度,减少酶与作用物的接触,导致得率下降。因此,韭菜籽蛋白的得率呈现出先增加后减少的趋势,当料液比为 1:7 时,得率最高。

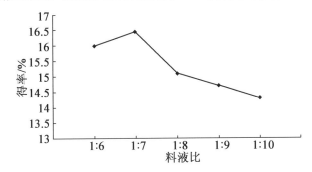

图 2.21　料液比对韭菜籽蛋白得率的影响

（3）提取时间对韭菜籽蛋白得率的影响。

如图 2.22 所示,随着提取时间的延长,韭菜籽蛋白得率呈现先增加后减少的趋势,在 3 h 左右时达到最大。之后,韭菜籽蛋白得率减小,可能是由于提取时间延长,溶液中蛋白质分子间的相互作用增强而导致蛋白质聚集沉降,溶液中蛋白质含量随之下降。

（4）提取温度对韭菜籽蛋白得率的影响。

如图 2.23 所示,随着提取温度的升高,韭菜籽蛋白得率呈现先增加后减少的趋势,当温度为 50 ℃时,韭菜籽蛋白得率最大。当温度超过 50 ℃后蛋白得率迅速减少,这可能是随着提取温度的升高,有些蛋白质的空间构象发生变化而致其变性沉降,从而使蛋白质得率降低。

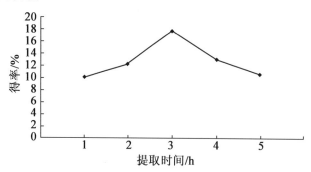

图 2.22　提取时间对韭菜籽蛋白得率的影响

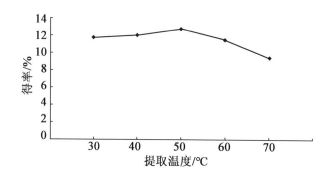

图 2.23　提取温度对韭菜籽蛋白得率的影响

3. 响应面法优化韭菜籽蛋白得率的处理条件。

（1）响应面试验结果及分析。

利用 Design Expert 软件中的中心组合设计，对酶含量、料液比、提取时间和提取温度设计响应面试验与分析，其结果见表 2.18。

表 2.18　响应面法试验设计与响应面试验结果

试验号	因素水平				
	A	B	C	D	得率
	酶含量/%	料液比	提取时间/h	提取温度/℃	/%
1	1	0	1	0	14.00
2	−1	1	0	0	14.89

续表 2.18

试验号	因素水平				得率 /%
	A 酶含量/%	B 料液比	C 提取时间/h	D 提取温度/℃	
3	1	1	0	0	13.83
4	0	1	0	1	13.56
5	0	0	0	0	15.03
6	0	0	1	1	13.23
7	0	0	1	−1	13.70
8	0	0	−1	1	14.30
9	0	−1	1	0	14.77
10	−1	0	1	0	13.90
11	1	−1	0	0	14.88
12	−1	0	−1	0	14.35
13	0	−1	−1	0	13.76
14	1	0	0	−1	14.87
15	0	1	0	−1	14.50
16	−1	−1	0	0	14.25
17	0	0	0	0	15.02
18	0	0	0	0	15.10
19	1	0	−1	0	13.59
20	−1	0	0	−1	13.60
21	0	0	0	0	15.05
22	0	0	−1	−1	13.02
23	0	1	1	0	13.50
24	1	0	0	1	13.20
25	0	−1	0	−1	14.23
26	−1	0	0	1	13.96
27	0	1	−1	0	14.12
28	0	−1	0	1	14.85
29	0	0	0	0	14.70

用 Design Expert 软件,对表2.18 中的数据进行多元回归拟合,可得酶含量(A)、料液比(B)、提取时间(C)和提取温度(D)对韭菜籽蛋白得率的二次多项回归方程,回归方程为

$$Y = 14.98 - 0.048A - 0.20B - 0.003\,33C - 0.068D - 0.42AB + 0.21AC - 0.51AD$$
$$- 0.41BC - 0.39BD - 0.44CD - 0.36A^2 - 0.13B^2 - 0.75C^2 - 0.65D^2 \quad (2.10)$$

对回归模型进行方差分析及对回归方程显著性进行检验,结果见表2.19。

表2.19　回归方程分析结果

变异来源	平方和	自由度	均方	F 值	P 值	显著性
Model	10.06	14	0.72	9.30	<0.000 1	＊＊
A	0.028	1	0.028	0.36	0.556 7	
B	0.46	1	0.46	5.90	0.029 2	＊
C	0.000 133	1	0.000 133	0.001 73	0.967 5	
D	0.056	1	0.056	0.72	0.408 9	
AB	0.71	1	0.71	9.24	0.008 8	＊
AC	0.18	1	0.18	2.39	0.144 3	
AD	1.03	1	1.03	13.33	0.002 6	＊
BC	0.66	1	0.66	8.59	0.010 9	＊
BD	0.61	1	0.61	7.87	0.014 0	＊
CD	0.77	1	0.77	9.90	0.007 1	＊
A^2	0.84	1	0.84	10.93	0.005 2	＊
B^2	0.12	1	0.12	1.49	0.242 1	
C^2	3.61	1	3.61	46.68	<0.000 1	＊＊
D^2	2.73	1	2.73	35.27	<0.000 1	＊＊
残差	1.08	14	0.077			
失拟项	0.98	10	0.098	3.85	0.102 8	
纯误差	0.10	4	0.025			
总和	11.14	28				

注:$P < 0.01$,差异极显著"＊＊";$P < 0.05$,差异显著"＊"。

由表2.19 回归模型方差分析结果可知,模型的 F 值 $=9.30$,$P < 0.000\,1$,表明回归模型高度显著。失拟项中 $P = 0.102\,8 > 0.05$,表明不显著,说明该方程对试验拟合度较好,可靠性较高。同时软件分析的模型的相关系数 $R^2 = 0.902\,9$,这表明该模型

拟合程度良好,试验误差小,该模型是合适的,可以用此模型对纤维素酶酶解法提取韭菜籽蛋白进行分析和预测。

(2)响应面和等高线分析。

用各因素的 F 值可评价该因素对试验指标的影响, F 值越大,表明该因素的影响越显著。由表 2.19 可知, $F(A) = 0.36$, $F(B) = 5.90$, $F(C) = 0.001\,73$, $F(D) = 0.72$,即各因素对韭菜籽蛋白得率的影响顺序为液料比 > 提取温度 > 酶含量 > 提取时间。响应面曲面的坡度可反映该因素对蛋白质得率影响的强弱程度。响应曲面相对平缓,说明处理条件对其影响较小。等高线图的形状表明变量间的交互作用是否显著,椭圆等高线表明变量间的交互作用显著,圆形等高线表明交互作用不显著。图 2.24 ～ 2.29所示为各因素对韭菜籽蛋白得率的影响。

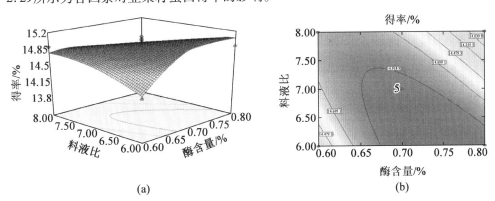

(a) 　　　　　　　　　　　　　(b)

图 2.24　酶含量和料液比对韭菜籽蛋白得率的影响等高线和响应面图

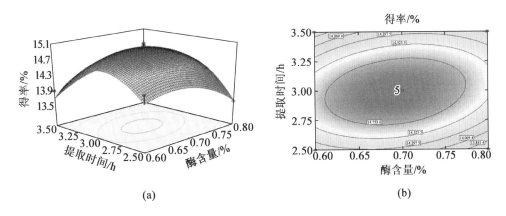

(a) 　　　　　　　　　　　　　(b)

图 2.25　酶含量和提取时间对韭菜籽蛋白得率的影响等高线和响应面图

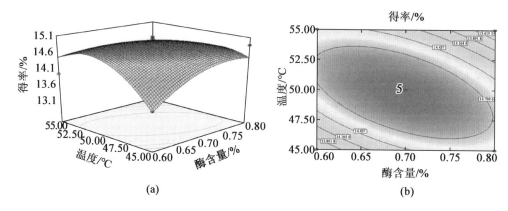

(a)　　　　　　　　　　　　(b)

图 2.26　酶含量和提取温度对韭菜籽蛋白得率影响的等高线和响应面图

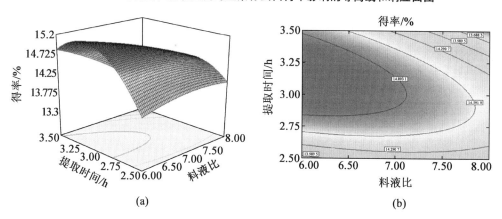

(a)　　　　　　　　　　　　(b)

图 2.27　料液比和提取时间对韭菜籽蛋白得率影响的等高线和响应面图

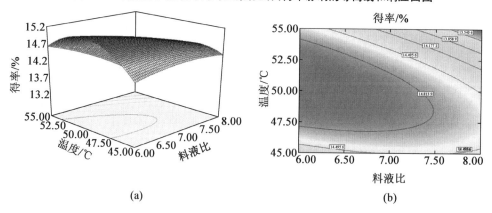

(a)　　　　　　　　　　　　(b)

图 2.28　料液比和提取温度对韭菜籽蛋白得率影响的等高线和响应面图

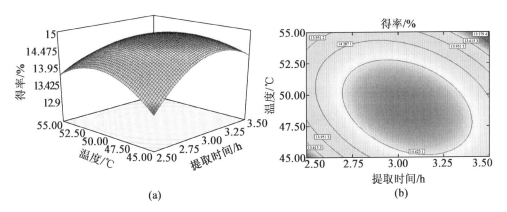

(a)　　　　　　　　　　　　　(b)

图 2.29　提取时间和提取温度对韭菜籽蛋白得率影响的等高线和响应面图

（3）最佳提取条件的预测和验证模型预测。

韭菜籽蛋白的最大得率为 15.14%。由 Design Expert 软件分析结果可知各因素的最佳取值，见表 2.20。为了验证韭菜籽中韭菜籽蛋白提取模型方程的适用性，在酶含量、料液比、提取时间和提取温度的水平上，重复试验 3 次。根据试验操作的可行性，将纤维素酶酶解法提取韭菜籽蛋白的最佳工艺修正，最适条件见表 2.20。

表 2.20　最适条件

因素	理论值	修正值
酶含量/%	0.74	0.75
料液比	6.12	6.00
提取时间/h	3.06	3.00
提取温度/℃	50.94	51.0

经过 3 次验证性试验测得的韭菜籽蛋白得率均值为 15.136 7%，与理论预测值 15.141 9% 的相对误差很小，说明经优化后的回归方程对纤维素酶酶解法提取韭菜籽蛋白进行分析和预测可靠性极高。

4. 抗氧化活性测定。

（1）韭菜籽蛋白和 BHT 对·OH 的清除效果。

如图 2.30 所示，韭菜籽蛋白对·OH 有较好的清除能力。在酶质量浓度为 2 mg/mL 时，其对·OH 的清除率可达 49.3%。

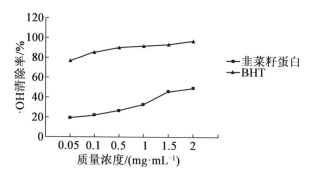

图2.30　韭菜籽蛋白和BHT对·OH清除效果比较

（2）韭菜籽蛋白和BHT对DPPH·的清除效果。

如图2.31所示，以BHT为对照，随着韭菜籽蛋白质量浓度的提高，对DPPH·清除效果明显提高。当质量浓度为2 mg/mL时，清除率达61.3%。由于DPPH·体系中乙醇是溶剂，因此BHT溶解度较高，当BHT质量浓度为2 mg/mL时，清除率可达93.3%。由此可知，在乙醇体系中，BHT对DPPH·的清除效果优于韭菜籽蛋白。

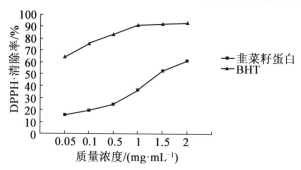

图2.31　韭菜籽蛋白和BHT对DPPH·清除效果比较

5. 小结。

（1）利用响应面法建立了韭菜籽蛋白提取工艺，通过方差分析，该模型显著，所得方程拟合度良好。影响韭菜籽蛋白得率的各因素主次顺序为液料比＞温度＞酶含量＞提取时间，韭菜籽蛋白提取的最佳工艺条件：酶含量为0.75%，液料比为1:6，提取时间为3 h，提取温度为51 ℃，得率为15.141 9%。在此条件下，韭菜籽蛋白的得率均值为15.136 7%，与理论预测值15.141 9%的相对误差很小，说明通过响应面法得到了一个能较好预测试验结果的模型方程。

（2）在最优提取条件下获得的韭菜籽蛋白具有较强的抗氧化活性。当韭菜籽蛋白质量浓度为 2.0 mg/mL, 对·OH 和 DPPH·清除效果最好,分别为 49.3% 和 61.3%。

2.4　微生物发酵法结合色谱分离技术发酵韭菜籽粕制备韭菜籽粕多肽

21 世纪是生命科学技术迅速发展的时代,生物行业的研究发展日益壮大。植物多肽的研究成为一个热门的领域。研究发现植物中多肽的种类非常丰富,例如环肽、糖肽、活性寡肽等,研究并证明植物多肽具有明显的生理活性,不仅能够调节人体的生理代谢,还具有促进消化吸收、增强免疫、激素调节、杀死病毒、降低血压、降低血脂等作用,而且食用起来非常安全,故成为当前国际食品界最热门的、极具前景的研究方向。

2.4.1　多肽类物质的功能特征

1. 增强人体免疫力。

通过大量的试验,科学家们已经研究证明,多肽是一个信息源,它不仅能传递生命信息,而且也能调节人体的各种生化反应和免疫反应。例如,B 淋巴细胞产生的抗体,是由 1 000 多个氨基酸组成的多肽;T 淋巴细胞产生的细胞因子,也是一些特殊的多肽。生物活性多肽在人体中扮演着非常重要的角色,维护着人的生命活动的稳定。潘天齐等通过对 200 只小白鼠进行免疫活性试验,发现菜籽多肽能够促进细胞的免疫能力,并且加强吞噬细胞和 NK 细胞的吞噬活性。黄姗芬等以脱毒菜籽多肽灌胃小鼠,研究了小鼠的试验前后体重、特异性免疫及非特异性免疫等,探索了韭菜籽粕多肽对小鼠免疫功能的影响。

2. 降血脂和降胆固醇。

胆固醇,也被称为胆甾醇,在动物组织细胞中是非常重要的物质,不仅在细胞膜的形成中扮演着重要角色,而且在合成胆汁酸、维生素 D 等可以作为原料来使用作为原料。20 世纪初期,研究发现了多肽的调节机制,其能够刺激机体,促进甲状腺分泌甲状腺激素,随着甲状腺含量的增加,胆固醇的胆汁酸会加速酸化,从而导致粪便中的胆固醇含量减少,降低人体内的胆固醇。宋玲钰等采用糠醛显色法来测定多肽对胆酸盐的络合作用,其花生多肽的抑制率达到 40.21% 以上。王玲琴等利用植物蛋白酶和木瓜蛋白酶两种酶来水解大豆蛋白,研究发现水解度为 14.71% 的产物,对胆固醇胶束溶解度的抑制率可达到 61.67% 以上。张晓梅等选用碱性蛋白酶降解大豆蛋白,并通过凝胶过滤色谱对酶解产物进行纯化,得到了具有高效降胆固醇的多肽,其抑制率达到 81.26% 。褚斌杰等通过灌胃 Wistar 大鼠低剂量的大豆多肽证明了大豆多肽具有一定的降血脂作用。龚吉军等用不同剂量的油茶粕多肽灌胃高血脂 SD 大鼠,得出了油茶粕多肽有良好的降血脂作用的结论。王茵等通过高血脂大鼠模型试验探讨了紫菜多肽的血脂调节作用,试验结果显示紫菜多肽能够显著改善大鼠的高血脂情况。王金玲等通过小鼠高血脂模型试验,得出经酶解豆粕产生的大豆多肽具有一定的降血脂作用的试验结果。刘恩岐等采用不同类别色谱法对超滤以及树脂吸附分离得到黑豆多肽进行纯化,对比得到了具有降胆固醇的高纯度多肽。

3. 抗氧化作用。

抗氧化指的是抗氧化剂直接与自由基作用后,阻断自由基发生反应,达到抗氧化的效果。其中,癌症等很多疾病都与自由基的过量有关,所以对多肽抗氧化的研究有着重要的意义。黎观红等详细介绍了抗菌肽的结构、生物活性及其抗菌机制,并对抗菌肽的应用及开发前景做了详细的说明。苗建银等通过研究大量国内外文献报道,对抗菌肽的分离纯化、结构鉴定以及其作用机制进行了较为详细的讲解,有助于学者们对抗菌肽的进一步研究。朱艳华等对玉米多肽进行 $DPPH\cdot$ 和 $O_2^-\cdot$ 的研究发现其清除率均达到了 50% 以上,说明玉米多肽具有很好的抗氧化效果。孙婕等利用黑曲霉发酵韭菜粕得到韭菜籽粕多肽,对 $DPPH\cdot$ 的清除能力以及总还原力的测定发现韭菜籽粕多肽具有较高的抗氧化活性。

4. 抗菌作用。

抗菌肽是一类从植物、昆虫以及人体内提取出的小分子多肽物质,抗菌肽具有广谱杀菌作用,对革兰氏阴性菌和革兰氏阳性菌均有较强的杀灭作用。对某些真菌、支原体,尤其对耐药性细菌也都有很好的杀灭作用。田锦涛等从不同角度详细地介绍了抗菌肽。黎观红等对抗菌肽的结构、生物活性及其抗菌机制进行了介绍,并对抗菌肽的应用及开发前景做了详细的阐述。而燕晓翠等通过研究大量的国内外文献,介绍了抗菌肽的来源及其生物学活性,比较详细地介绍了国内外抗菌肽的开发应用,为以后抗菌肽药物的研发提供了理论依据。目前,大量的研究表明,一些植物源的蛋白质或水解肽都具有一定的抗菌、杀菌特性。孙秀秀等以枯草芽孢杆菌为指示菌,探究了大豆多肽对菌种的抑制作用,并应用到了食品防腐中。孙婕等通过磷酸盐法提取韭菜籽蛋白,并以枯草芽孢杆菌、大肠杆菌、金黄色葡萄球菌、乳酸菌为指示菌,研究了韭菜籽蛋白对以上菌株的抑菌作用。周世成通过酶解小麦蛋白,并对酶解产物进行纯化,得到了对大肠杆菌、金黄色葡萄球菌以及黄曲霉有较好抑制作用的小麦多肽。刘蕾以金黄色葡萄球菌作为指示菌种,探究了不同酶解条件下酶解坛紫菜蛋白得到的多肽的抑菌效果,最终得到经胃蛋白酶酶解后的小分子肽有较好的抑菌作用。

2.4.2　多肽的制备方法

1. 微生物发酵法制备多肽。

微生物发酵法是在合适的条件下,利用细菌或者真菌等微生物,将大豆粕或者花生粕等原料经过生化代谢途径生产出人们所需的产物的过程。由于微生物中具有丰富的酶系,可以将韭菜籽中的大分子蛋白质水解成韭菜籽粕多肽。微生物发酵法可以分为液态发酵法和固态发酵法。

液态发酵提取多肽是指将植物茎、叶、根或副产物等经粉碎、溶解制成溶液,作为产蛋白酶菌种的发酵培养基在合适的条件下进行发酵,从而从发酵液中获取多肽的方法。鞠兴荣等采用微生物液态发酵的方法,采用不同菌种进行发酵,然后通过对比分析发酵液中的抑制肽的抑制效果,从而筛选出液态发酵菜籽粕生产血管紧张素转换酶(Angiotensin-1-Converting Enzyme,ACE)抑制肽的优势菌。谢翠品等选用黑曲霉作为发酵菌种,采用液态发酵的方法从核桃粕中提取核桃多肽。魏明等选用米曲霉作为产蛋白酶的发酵菌种,以米糠为发酵底物通过液体发酵提取米糠多肽,并对提取得到的米糠多肽做了进一步的抗氧化研究试验,试验结果表明液态发酵得到的米糠多肽的羟基自由基清除率高达86.2%。何荣海等利用微生物液态发酵法制备菜籽粕多肽,进行了该菌的生长规律、多肽生成及基质蛋白消耗等动力学研究。管风波等利用液态发酵法制备大豆肽。由此可见,这种方法具有安全、成本低、产品质量稳定、功能性强等优点,实现了一步法制备多肽。

固态发酵是指直接利用植物茎、叶、根或副产物(如豆粕、花生粕、玉米渣等)作为发酵底物,选用适当的微生物,通过该微生物产生的蛋白酶对原料中蛋白质进行水解,进而制得多肽。顾斌等选用枯草芽孢杆菌和白地霉作为混合菌种采用固态发酵菜籽粕的方法制备多肽,并且通过响应面设计试验优化发酵条件得到最佳工艺条件。王海军等选用黑曲霉作为发酵菌种采用固态发酵豆粕的方法制备大豆多肽。詹深山等选用黑曲霉为发酵菌种,以麻疯树饼粕为原料进行固态发酵。利用发酵制备多肽,发酵条件相比生化方法更容易控制,并且降低了对制备过程中仪器设备的高要求,节约了成本。

2. 酶解法。

酶解法水解蛋白质制备多肽是指选用食品级蛋白酶,将蛋白质酶解为小分子活性多肽。但是该方法成本高,操作复杂,不利于规模化生产。所以,目前一般多用于实验室研究制备多肽。孙英采用超声波预处理茶籽粕,再用蛋白酶酶解的方法从茶籽粕中提取具有抗氧化活性的多肽。尹波欢分别选用木瓜蛋白酶、菠萝蛋白酶、胰蛋白酶等对豆粕进行酶解,以筛选出可高效酶解豆粕蛋白的酶制备多肽。李艳伏通过木瓜蛋白酶和碱性蛋白酶两种不同蛋白酶对核桃粕中蛋白质进行酶解制备多肽,并对其酶解产物的特性进行了研究。王玉以黑豆多肽转化率为指标,探究了不同酶制剂对黑豆蛋白的酶解效率,并与超声辅助酶解黑豆蛋白以及发酵法获得黑豆多肽做了对比研究。

3. 化学合成法。

氨基酸的缩合反应是多肽化学合成顺利进行的第一要素,化学合成法合成多肽往往是在知道多肽氨基酸顺序的基础之上进行的。根据化学合成过程中选用载体的不同,化学合成法可以分为固相合成法和液相合成法。固相合成法需要被合成的多肽链固定在固体支持物上,全面保护其官能团,可以合成中链至长链的肽,并且产品的纯度非常高,但是其昂贵的成本以及极低的产量(只能达到数克甚至 mg 级别的量)都限制了该方法的应用。多肽液相合成的技术早于固相合成,是基于将单个 N - α 保护氨基酸反复加到生长的氨基成分上,合成一步步地进行,该方法较固相合成更为复杂和难以控制,也因此促使了固相合成技术的出现。现今,实验室中的多肽合成仪都是以固相合成作为反应原理合成多肽。此种方法虽然在操作步骤上比较烦琐,但仍然是制备生物活性多肽的首选方法。

2.4.3 黑曲霉发酵韭菜籽产蛋白酶活力的工艺研究

近年来,蛋白酶由于其用途广泛,商业价值高,一直是开发和研究的热点。而微生物来源的蛋白酶具有生产周期短、生产成本低、易于管理控制、不受土地和季节限制等优点,因此,微生物蛋白酶已迅速发展为主要的蛋白酶来源。其中,黑曲霉是一种重要的工业发酵菌种。黑曲霉培养条件粗放,可产生多种活性较强的酶系,如淀粉酶、酸性蛋白酶等。在发酵过程中因为菌种的生长特性、营养条件以及蛋白酶提取等方面的影响,黑曲霉蛋白酶活力有时比较低,因此对曲霉蛋白酶活特性的研究具有重要意义。本试验以脱脂韭菜籽粉为底物,采用黑曲霉液态发酵,探究黑曲霉产蛋白酶活力的最优工艺,旨在为今后工业中充分利用发酵法提取韭菜籽中生物活性物质提供相应的工艺参数。

1. 试验方法。

（1）试验流程。

制备黑曲霉菌悬液、发酵培养→培养基灭菌→菌悬液接种到发酵培养基中→液态发酵→离心、取上清液→酶活测定。

（2）制备黑曲霉孢子悬液和发酵培养基。

取黑曲霉斜面 1 支，用 10 mL 生理盐水分 2 次将菌苔洗下，充分振荡 10 min 后制成孢子悬液。用血球计数板在显微镜下直接计数。用生理盐水调整孢子悬液浓度为 10^5 个/mL 即为所需孢子悬液。

发酵培养：脱脂韭菜籽粉溶液 50 mL/瓶，121 ℃灭菌 20 min 后冷却至室温，按照一定比例接入孢子悬液，振荡培养。

（3）酪氨酸标准曲线的制作。

精确称取在 105 ℃条件下烘至恒重的酪氨酸 0.100 0 g，用 1 mol/L 的盐酸使之溶解后定容至 1 000 mL，即为 100 μg/mL 酪氨酸溶液。取 6 支试管并依次编号，分别取 100 μg/mL 酪氨酸溶液 0、0.01、0.02、0.03、0.04、0.05 mL 于试管中，各补充蒸馏水至 1 mL，分别加入 5 mL 0.4 mol/L 碳酸钠溶液和 1 mL 福林酚试剂，立即混匀，于 40 ℃水浴保温 20 min，以酪氨酸浓度为 0 的溶液为对照，在 680 nm 下测定 OD 值。以酪氨酸的质量浓度（μg/mL）为横坐标，OD 值为纵坐标绘制标准曲线。在标准曲线上求得 OD 值为 1 时的酪氨酸质量（μg），即为 K 值。

（4）蛋白酶活力的测定。

采用张剑等的方法，略有改动。取 4 支洁净试管且编号甲、乙、丙、丁后各加入粗酶液 1 mL，甲管为对照。在甲试管中加入 2 mL 0.4 mol/L TCA，使酶失活。在这 4 支试管中分别加入 1 mL 2% 酪蛋白溶液，迅速混匀后立即将 4 支试管 40 ℃水浴准确保温 10 min。然后在乙、丙、丁中分别加入 2 mL 0.4 mol/L TCA，混匀后 4 000 r/min 离心 15 min，除去沉淀的酶蛋白和酪蛋白，得到上清液 A。取 1 mL 上清液 A，分别注入 4 支新试管中，各管加入 5 mL 0.4 mol/L 的碳酸钠溶液和 1 mL 福林酚试剂，立即混匀，40 ℃水浴中保温 20 min。使用分光光度计测定 $OD_{680 nm}$ 值。蛋白酶活力计算公式为

$$酶活（U/mL）= \frac{A \times K \times N \times 4}{10 \times V} \tag{2.11}$$

式中　A——从标准曲线上查得的 OD 值；

　　　K——表示 $A=1$ 时酪氨酸质量；

　　　N——酶的稀释倍数；

4——酶活力测定中液体总体积(1 mL 粗酶液 + 1 mL 酪氨酸溶液 + 2 mL TCA);

10——酶反应时间;

V——测定时取酶液的体积(1 mL)。

酶活力单位的定义:菌种活力的测定以酪蛋白为底物,以在 40 ℃、pH 3.6 条件下,1 mL 粗酶液酶解酪蛋白,每分钟产生的酪氨酸质量为一个酶活力单位(U),单位为 U/mL。

(5)单因素试验设计。

蛋白酶活力主要受到初始 pH、接种量、脱脂韭菜籽粉浓度和发酵时间的影响。因此需要通过试验明确各个因素的影响程度。

①初始 pH 对蛋白酶活力的影响。称取 7% 脱脂韭菜籽粉于锥形瓶中,加入蒸馏水,调节 pH 分别为 2、3、4、5、6、7 后 121 ℃条件下灭菌 20 min,待冷却至室温时加入 10%(体积分数)菌悬液,混匀后 30 ℃、200 r/min 振荡培养 72 h 后发酵结束。发酵液 4 000 r/min 离心 15 min 后取上清液,即为粗酶液。测定蛋白酶活力,考察初始 pH 对蛋白酶活力的影响。

②接种量对蛋白酶活力的影响。分别称取 7% 脱脂韭菜籽粉于锥形瓶中,加入蒸馏水,调节 pH 为 6.0 后 121 ℃条件下灭菌 20 min,待冷却至室温时分别加入 5%、10%、15%、20%、25%(体积分数)孢子悬液,混匀后 30 ℃、200 r/min 振荡培养 72 h 后发酵结束。发酵液 4 000 r/min 离心 15 min 后取上清液,即为粗酶液。测定蛋白酶活力,考察接种量对蛋白酶活力的影响。

③脱脂韭菜籽粉浓度对蛋白酶活力的影响。分别称取 3%、5%、7%、9%、11% 脱脂韭菜籽粉于锥形瓶中,加入蒸馏水,调节 pH 为 6.0 后 121 ℃条件下灭菌 20 min,待冷却至室温时加入 15%(体积分数)孢子悬液,混匀后 30 ℃、200 r/min 振荡培养 72 h 后发酵结束。发酵液 4 000 r/min 离心 15 min 后取上清液,即为粗酶液。测定蛋白酶活力,考察脱脂韭菜籽粉浓度对蛋白酶活力的影响。

④发酵时间对蛋白酶活力的影响。称取 5% 脱脂韭菜籽粉于锥形瓶中,加入蒸馏水,调节 pH 为 6.0 后 121 ℃条件下灭菌 20 min,待冷却至室温时加入 15%(体积分数)孢子悬液,混匀后 30 ℃、200 r/min 振荡培养。发酵结束后 4 000 r/min 离心 15 min 取上清液,即为粗酶液。每间隔 24 h 测定蛋白酶活力,研究蛋白酶活力随时间的变化趋势。

(6)响应面试验设计。

在单因素试验结果的基础上采用 4 因素 3 水平的 Box – Behnken 响应面分析试

验,以初始 pH、接种量、脱脂韭菜籽粉浓度和发酵时间为自变量,以蛋白酶活力为响应值。试验的因素与水平见表 2.21,利用 Design-Expert 7.1 软件程序分析各单因素对蛋白酶活力的影响,找出最佳条件。

表 2.21　响应面分析法的因素与水平

水平	因素			
	A(初始 pH)	B(接种量/%)	C(脱脂韭菜籽粉浓度/%)	D(发酵时间/h)
-1	2	5	5	48
0	3	10	7	72
1	4	15	9	96

2. 结果与分析。

(1)酪氨酸标准曲线。

酪氨酸标准曲线如图 2.32 所示,在酪氨酸质量浓度为 0~50 μg/mL 范围内测定 OD 值,R^2 为 0.999 4,线性较好。当 $OD_{680\ nm}$ 值 =1 时,K =95。

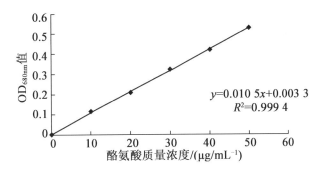

图 2.32　酪氨酸标准曲线

(2)单因素对蛋白酶活力的影响。

①初始 pH 对蛋白酶活力的影响。如图 2.33 所示。

由图 2.33 可知,当 pH 为 3 时酶活力达到最大值,即 464 U/mL,pH 在 3~5 范围内,酶活力大幅度降低,pH 在 5~7 范围内酶活力降低较缓慢。从微生物适宜生长环境来看,培养基初始 pH 对酶的合成有重大影响,因为 pH 会影响细胞膜所带的电荷,引起细胞对营养物质吸收状况的变化,对细胞施加间接影响,改变某些化合物分子进入细胞的状况,从而促进或抑制微生物的生长。因此,选择初始 pH3 为最佳的发酵条件。

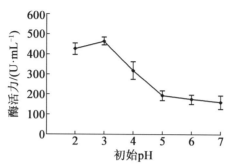

图 2.33　初始 pH 对蛋白酶活力的影响

②接种量对蛋白酶活力的影响。如图 2.34 所示。

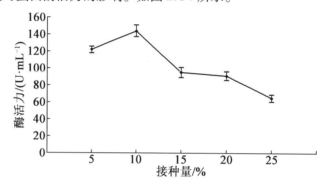

图 2.34　接种量对蛋白酶活力的影响

由图 2.34 可知,接种量对黑曲霉发酵脱脂韦菜籽粉产蛋白酶的活力有着重要的影响。接种量过小或过大均不利于发酵产酶。当接种量较小(低于 10%)时,前期菌体生长过慢,使发酵周期延长,产酶较少,酶活力较低;随着接种量的增大,酶活力也随之增大,当接种量为 10% 时,酶活力达到最大值,即 144 U/mL。接种量较高(高于 10%)时,初期菌体生长迅速,营养物多用于细胞合成,使酶合成下降,酶活力逐渐降低;再从经济方面考虑,接种量过大,增加成本。因此,最终确定接种量 10% 为最佳条件。

③脱脂韦菜籽粉浓度对蛋白酶活力的影响。如图 2.35 所示。

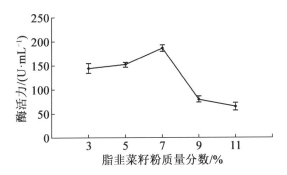

图 2.35　脱脂韭菜籽粉浓度对蛋白酶活力的影响

由图 2.35 可知,随着脱脂韭菜籽粉质量分数的增大,蛋白酶活力也随之增加,当脱脂韭菜籽粉质量分数为 7% 时,酶活力达到最大,即 186 U/mL。从微生物的生长特点来看,黑曲霉是好氧真菌,当脱脂韭菜籽粉浓度较小时,培养基中的营养物质少,不利于黑曲霉生长和产酶;当脱脂韭菜籽粉浓度增大时,酶活力反而下降,这可能是由于脱脂韭菜籽粉含丰富的蛋白质,当其浓度过高时会造成氮源过多的环境,使菌体生长过旺,黑曲霉生长产生的黏性物质使培养基黏度增大,容易导致溶氧不足,不利于水解酶类的积累,从而导致酶活力下降。因此,脱脂韭菜籽粉质量分数为 7% 时是最佳的发酵条件。

③发酵时间对蛋白酶活力的影响。如图 2.36 所示。

由图 2.36 可知,前 72 h 酶活力随发酵时间增加而增加,在发酵 72 h 时酶活力达到最大,即 384 U/mL;发酵 72 h 后酶活力下降。从黑曲霉生长规律来看,在开始阶段黑曲霉处于生长延滞期,生长较慢,酶活力较低;随着时间的延长黑曲霉大量繁殖,消耗底物的速度加快,产酶较多从而使酶活力增大;发酵后期,黑曲霉开始衰亡,产酶能力下降,酶活力也随之降低。因此,发酵 72 h 是最佳的发酵条件。

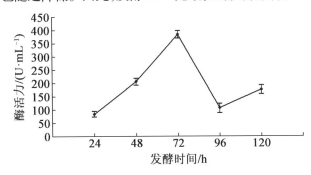

图 2.36　发酵时间对蛋白酶活力的影响

（2）响应面法优化结果和分析。

①回归模型的优化。根据单因素试验结果,采用响应面分析法进行设计,对初始 pH(A)、接种量(B)、脱脂韭菜籽粉质量分数(C)、发酵时间(D）4 因素 3 水平共 27 个试验点（3 个中心点）的响应面分析试验,运用 Design – Expert 软件程序对试验点的响应值进行回归分析。Box – Behnken 试验设计和结果以及回归方程的方差分析结果见表 2.22。

表 2.22　Box – Behnken 设计方案及响应值结果

| 试验号 | 因素水平 | | | | R_1 蛋白酶活力 /（U·mL^{-1}） |
	A 初始 pH	B 接种量/%	C 脱脂韭菜籽粉质量分数/%	D 发酵时间/h	
1	0	0	1	– 1	232
2	0	0	0	0	298
3	– 1	0	– 1	0	188
4	0	– 1	0	1	222
5	0	1	1	0	223
6	0	– 1	1	0	221
7	0	1	– 1	0	224
8	0	0	0	0	290
9	– 1	0	0	– 1	182
10	1	0	0	1	166
11	1	0	0	– 1	169
12	– 1	0	0	1	182
13	0	– 1	0	– 1	213
14	1	0	1	0	277
15	1	0	– 1	0	163
16	0	0	– 1	– 1	221
17	0	1	0	– 1	231
18	0	0	– 1	1	219
19	1	– 1	0	0	159
20	– 1	0	1	0	174

续表 2.22

试验号	因素水平				R_1 蛋白酶活力 /$(U \cdot mL^{-1})$
	A 初始 pH	B 接种量/%	C 脱脂韭菜籽粉质量分数/%	D 发酵时间/h	
21	0	0	0	0	293
22	0	-1	-1	0	217
23	0	0	1	1	211
24	1	1	0	0	182
25	-1	-1	0	0	192
26	0	1	0	1	216
27	-1	1	0	0	189

用 Design - Expert7.1 软件,对表 2.22 中的数据进行多元回归拟合,可得回归方程为

$$R_1 = +2.94 - 0.076A + 0.034B + 0.0005C - 0.027D + 0.065AB + 0.070AC -$$
$$0.0007AD - 0.060BD - 0.048CD - 0.80A^2 - 0.35B^2 - 0.37C^2 - 0.38D^2 \quad (2.12)$$

对回归方程进行方差分析,结果见表 2.23。

表 2.23　回归方程方差分析结果

来源	平方和	自由度	均方	F 值	Prob > F	显著性
A	690.08	1	690.08	44.42	<0.0001	* *
B	140.08	1	140.08	9.02	0.011	*
C	3	1	3	0.1	0.6681	
D	85.33	1	85.33	5.49	0.0371	*
AB	169	1	169	10.88	0.0064	*
AC	196	1	196	12.62	0.004	*
AD	2.25	1	2.25	0.14	0.7102	
BC	6.25	1	6.25	0.4	0.5378	
BD	144	1	144	9.27	0.0102	*
CD	90.25	1	90.25	5.81	0.0329	*

续表 2.23

来源	平方和	自由度	均方	F 值	Prob > F	显著性
A^2	34 418.37	1	34 418.37	2 215.58	<0.000 1	＊＊
B^2	6 378.7	1	6 378.7	410.61	<0.000 1	＊＊
C^2	7 284.9	1	7 284.9	468.94	<0.000 1	＊＊
D^2	7 583.56	1	7 583.56	488.17	<0.000 1	＊＊
模型	37 102.1	14	2 650.15	170.6	<0.000 1	＊＊
残差	186.42	12	15.53			
失拟项	153.75	10	15.37	0.94	0.618 4	
纯误差	32.67	2	16.33			
总和	38 639.63	26				

注:＊＊代表差异极显著($P \leqslant 0.01$);＊代表差异显著($P < 0.05$)。

由表 2.23 回归模型方差分析结果可知,模型的 F 值为 170.6,$P < 0.001$,表明模型极显著。回归方程的相关系数 $R^2 = 0.995\ 0$,说明回归方程的拟合程度良好。模型调整确定系数 $R_{Adj}^2 = 0.989\ 2$,说明模型能解释 98.92% 响应值的变化,拟合程度较好。失拟项不显著($P > 0.05$)说明数据中没有异常点,不需要引入更高次数的项,模型适当,能很好地对响应值进行预测。由表 2.23 可以看出,一次项 A 及二次项 A^2、B^2、C^2、D^2 表现为极显著($P \leqslant 0.01$),一次项 B、D 及二次项 AB、AC、BD、CD 表现为显著($P < 0.05$),表明所考察因素对响应值的影响不是简单的线性关系,曲面效应显著。影响蛋白酶活力的因素由大到小的顺序为初始 pH > 接种量 > 发酵时间 > 脱脂韭菜籽粉质量分数。

响应面图形是响应值对应于试验因素 A(初始 pH)、B(接种量)、C(脱脂韭菜籽粉质量分数)、D(发酵时间)所构成的三维空间的曲面图,它可直观反映各因素及它们之间的交互作用对响应值的影响。将一个因素固定在零水平,利用 Design - Expert 软件即可作出另外两因素交互作用的响应曲图。两因素及其交互作用响应面图如图 2.37 所示。

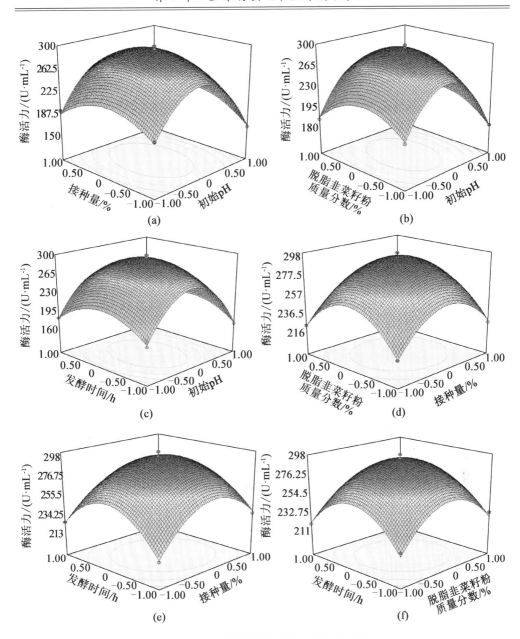

图 2.37　两因素及其交互作用响应面图

（3）最佳试验条件确定。

通过 Design – Expert 软件分析，可得最佳的发酵条件：初始 pH 为 2.95，接种量为 10.1%，脱脂韭菜籽粉质量分数为 7%，发酵时间为 72 h。在此条件下，蛋白酶活力的理论值可达 294 U/mL。

为了验证试验结果是否与真实情况一致，从实际考虑对模型预测结果进行修正后最佳的发酵条件：初始 pH 为 2.95，接种量为 10%，脱脂韭菜籽粉质量分数为 7%，发酵时间为 72 h。在此条件下进行 3 次平行试验，得到蛋白酶活力为 280 U/mL。实际值与预测值非常接近，说明优化结果可靠。

3. 小结。

根据单因素的试验结果，通过 Box – Behnken 中心组合试验设计及响应面分析，得到具有很好拟合度的回归方程模型，该模型具有统计学意义，从而确定优化条件。最终的优化条件：初始 pH 为 2.95，接种量为 10%，脱脂韭菜籽粉质量分数为 7%，发酵时间为 72 h，在此条件下蛋白酶活力可达到 280 U/mL。

2.4.4　黑曲霉液态发酵韭菜籽粕提取韭菜籽粕多肽工艺

近几年随着生命科学技术的飞速发展，人们在研究生物小分子的同时更加关注生物活性多肽物质的研究。科学家们已研究发现了具有抗氧化、降血脂和降血压等的功能性多肽，这就使得多肽类物质研究更为热门。目前根据掌握的大量文献，除洪晶、孙婕等曾对韭菜籽蛋白的提取及抗氧化活性进行研究，陈涛涛等对韭菜籽中活性肽的抗菌和抗氧化研究以外，鲜有关于韭菜籽蛋白、韭菜籽粕多肽的研究报道。响应面分析法（RSM）是一种非常有效的常用统计学分析方法，通过试验数据可以建立数学模型来实现受多因素影响的最优组合条件的筛选；中心组合设计在食品工业中的应用较为广泛。本试验以韭菜籽粕多肽得率为考察指标，采用响应面分析法研究黑曲霉液态发酵制备韭菜籽活性多肽得率的影响因素，利用 Design – Expert 软件中心组合设计，对 3 个主要工艺参数——韭菜籽粕质量分数、初始 pH、接种量进行优化设计试验，以获取最佳发酵条件，为今后在工业中充分利用发酵法提取韭菜籽中生物活性物质提供相应的工艺参数。

1. 试验方法。

（1）试验流程。

制备黑曲霉孢子悬液、发酵培养基→培养基灭菌→菌悬液接种到发酵培养基中→液态发酵→离心、取上清液→酶活测定。

（2）制备黑曲霉孢子悬液和发酵培养基。

取黑曲霉斜面 1 支，用 10 mL 生理盐水分 2 次将菌苔洗下，充分振荡 10 min 后制成孢子悬液。用血球计数板在显微镜下直接计数。用生理盐水调整孢子悬液浓度为 10^7 个/mL，取 10 mL 孢子悬液加入容量为 150 mL 装有 90 mL 的液体培养基的锥形瓶中，于 30 ℃、200 r/min 振荡培养 36 h，待生成均一菌丝球时即为可用于发酵的种子液。发酵培养基：韭菜籽粕溶液 50 mL/瓶（锥形瓶容量 150 mL），121 ℃ 灭菌 20 min 后冷却至室温，按照一定比例接入种子液，振荡培养。

（3）甘氨酸标准曲线的制作。

分别取 0 mL、0.1 mL、0.2 mL、0.4 mL、0.6 mL、0.8 mL、1.0 mL 20 μg/mL 的标准甘氨酸溶液于试管中，用蒸馏水补足到 1 mL。分别加入 0.2 mol/L pH 5.8 的乙酸－乙酸钠缓冲液 1 mL；再加入 0.2% 茚三酮显色液 1 mL，充分混合后盖住试管口，在 100 ℃ 水浴中加热 15 min，冷却，放置 5 min 后，加入 60% 乙醇 3 mL，充分摇匀，甘氨酸浓度为 0 的溶液为对照，在 570 nm 下测定 OD 值。以甘氨酸的质量浓度（μg/mL）为横坐标，OD 值为纵坐标绘制标准曲线。

（4）发酵液中多肽含量的测定。

取适量发酵液 4 000 r/min 离心 15 min，上清液 3 mL 于 10 mL 离心管中，加入 3 mL 20% 三氯乙酸，5 000 r/min 离心 15 min。离心结束后，取适量上清液，稀释 100 倍，根据茚三酮法测定发酵液中多肽含量。

（5）单因素试验设计。

影响黑曲霉发酵韭菜籽粕产韭菜籽粕多肽的主要因素有韭菜籽粕质量分数、初始 pH、接种量和发酵时间。将韭菜籽粕粉碎并过 60 目筛，并将未通过筛孔的渣滓再次进行粉碎与过筛后的细粉混合作为发酵原料。

①考察韭菜籽粕质量分数对韭菜籽粕多肽质量浓度的影响。分别按照 3%、5%、7%、9%、11%（体积质量）的比例称取韭菜籽粕，加入 50 mL 蒸馏水，pH 调至 6.0，121 ℃ 灭菌 30 min，冷却至 30 ℃ 以下，加入 10%（体积分数）的种子液，混匀后 30 ℃、200 r/min 振荡培养 3 d 结束发酵，测定多肽质量浓度。

②考察初始 pH 对黑曲霉发酵制备韭菜籽粕多肽的影响。按 10%（体积质量）的比例将韭菜籽粕加入到锥形瓶中，均加入 50 mL 蒸馏水，分别将 pH 调为 3、4、5、6、7，21 ℃ 条件下灭菌 30 min，冷却至 30 ℃ 以下，接入 10%（体积分数）的种子液，混匀后 30 ℃、200 r/min 振荡培养 3 d 结束发酵，测定多肽质量浓度。

③考察接种量对黑曲霉发酵提取韭菜籽粕多肽的影响。按照 10%（体积质量）的

比例称量预处理后的韭菜籽粕于各锥形瓶中,加入蒸馏水 50 mL,pH 均调至 6.0。
121 ℃条件下灭菌 30 min,灭菌结束后冷却至 30 ℃以下,然后按照 6%、8%、10%、
12%、14%(体积分数)比例分别加入种子液,混匀后 30 ℃、200 r/min 振荡培养 3 d 结
束发酵,测定多肽质量浓度。

④考察发酵时间对黑曲霉发酵提取韭菜籽粕多肽的影响。按照 10%(体积质量)
的比例称量预处理后的韭菜籽粕于各个锥形瓶中,均加入蒸馏水 50 mL,pH 均调至
6.0。121 ℃条件下灭菌 30 min,冷却至 30 ℃以下,然后按照 10%(体积分数)比例加
入种子液,混匀后 30 ℃、200 r/min 分别振荡培养 2 d、3 d、4 d、5 d、6 d 结束发酵,测定
多肽含量。

(6)响应面试验设计。

根据单因素试验的结果,采用中心组合设计和 Design – Expert 软件建立 3 因素 3
水平试验,确定微生物发酵韭菜籽粕提取韭菜籽粕多肽工艺。以韭菜籽粕多肽质量浓
度为考察指标,韭菜籽粕质量分数(A)、初始 pH(B)和发酵时间(C)为自变量,因素与
水平见表 2.24。

表 2.24　响应面分析法的因素与水平

因素/水平	–1	0	1
韭菜籽粕质量分数/%	7	9	11
初始 pH	2	3	4
发酵时间/d	2	3	4

(7)发酵液中多肽的提取。

参考陈涛涛的提取方法。

(8)抗氧化效果测定。

①对 DPPH·清除效果测定。参考孙婕等的方法。

②还原力测定。取 0.2 mol/L pH 6.6 的磷酸盐缓冲液和质量分数为 1%的铁氰
化钾溶液各 2.5 mL,加入不同浓度的韭菜籽粕多肽溶液 1 mL,混匀后 50 ℃水浴
20 min,冷却后加入 2.5 mL 10%三氯乙酸溶液,混匀,3 000 r/min 条件下离心 10 min,
取离心后的上清液 2.5 mL,再加入 2.5 mL 双蒸水和 2.5 mL 0.1%的氯化铁,混匀,室
温下静置 10 min,在 700 nm 处测定吸光度。

2. 结果与分析。

(1) 甘氨酸标准曲线。

根据结果绘制标准曲线,如图 2.38 所示。

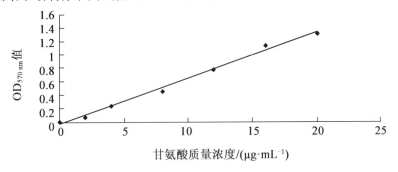

图 2.38　甘氨酸标准曲线

通过茚三酮显色反应试验,确定甘氨酸浓度和吸光度值之间的线性关系: $Y = 0.068\ 7X - 0.042\ 5$, $R^2 = 0.993$。

(2) 单因素对发酵液中韭菜籽粕多肽质量浓度的影响。

① 韭菜籽粕质量分数对黑曲霉发酵法制备韭菜籽粕多肽的影响。试验结果如图 2.39 所示。

韭菜籽粕质量分数对测定结果有较大影响,韭菜籽粕质量分数从 3% 升到 9% 的过程中,多肽质量浓度随之提高,增加趋势十分明显。但当韭菜籽粕质量分数提高到 11% 时,多肽质量浓度下降,分析其原因可能为质量分数过大,发酵培养基黏度增大,基质水分含量减少,溶氧不足,不利于微生物的生长代谢以及微生物代谢产生的酶对蛋白质的水解作用。因此,将发酵过程中的底物浓度即韭菜籽粕质量分数定为 9%。

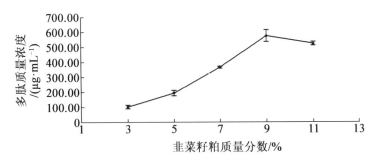

图 2.39　韭菜籽粕质量分数对韭菜籽粕多肽质量浓度的影响

②初始 pH 对黑曲霉发酵制备韭菜籽粕多肽的影响。结果如图 2.40 所示。

菌株所产蛋白酶对韭菜籽粕中蛋白的酶解效果与发酵初始 pH 有密切关系,同时,pH 也会影响菌株的产酶量,进而影响多肽含量。从图 2.40 中可以看出,随着 pH 的增大,多肽质量浓度迅速降低,原因是所选发酵菌种为 40970 号黑曲霉,其主要产酸性蛋白酶,而酸性蛋白酶解时环境最适 pH 为 2.5 ~ 3.5。当 pH 环境偏大或者偏小时,都不利于菌种的生长。因此,在 pH 为 3 的条件下发酵效果较好。

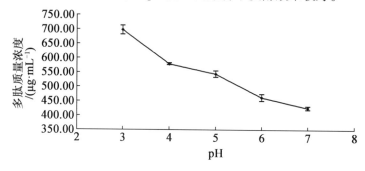

图 2.40 初始 pH 对韭菜籽粕多肽质量浓度的影响

③接种量对黑曲霉发酵提取韭菜籽粕多肽的影响。结果如图 2.41 所示。

接种量在 6% ~ 10% 时,韭菜籽粕多肽质量浓度先升高后下降,但是升高和下降的趋势均不明显。说明接种量在 6% ~ 10% 时对发酵产多肽影响较小,但是随着接种量的增加,菌株大量消耗发酵培养基的水分,阻碍酶水解蛋白的过程,使得韭菜籽粕多肽质量浓度显著下降。因此根据测定结果,确定发酵接种量为 8%。

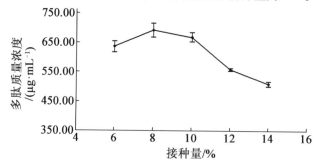

图 2.41 接种量对韭菜籽粕多肽质量浓度的影响

④发酵时间对黑曲霉发酵提取韭菜籽粕多肽的影响。结果如图 2.42 所示。

发酵时间对微生物法提取多肽有较大的影响,发酵时间在 2 ~ 3 d 时,多肽质量浓度显著增加,说明该时间段菌株大量产生次级代谢产物——酸性蛋白酶,蛋白酶作用于蛋白产生多肽。发酵进行 3 d 后,发酵液中营养基本大部分被消耗,菌株进入衰亡期,所产酶量减少,韭菜籽粕多肽质量浓度随之下降。因此将 3 d 作为最佳发酵时间。

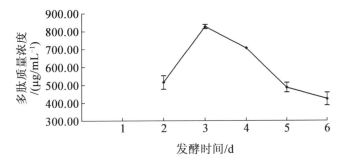

图 2.42 发酵时间对韭菜籽粕多肽质量浓度的影响

(3)响应面法优化结果和分析。

综合单因素试验结果,选取韭菜籽粕质量分数、初始 pH 和发酵时间为考察因素,根据响应面分析法中心组合设计原理进行响应面试验,Box – Behnken 设计方案及响应值结果见表 2.25。试验点共 15 个。可分为两类:一是 12 个析因点;二是区域的中心点——零点,零点试验重复 3 次,以估计误差。

表 2.25 Box – Behnken 设计方案及响应值结果

试验编号	因素			
	A	B	C	R_1
	韭菜籽粕质量分数/%	初始 pH	发酵时间/d	多肽质量浓度/$(\mu g \cdot mL^{-1})$
1	– 1	0	1	268.56
2	0	– 1	1	198.69
3	0	1	1	339.88
4	1	0	– 1	412.66
5	0	1	– 1	566.13
6	0	– 1	– 1	194.32
7	– 1	1	0	507.71
8	1	– 1	0	258.37

续表 2.25

试验编号	因素			
	A	B	C	R_1
	韭菜籽粕质量分数/%	初始 pH	发酵时间/d	多肽质量浓度/($\mu g \cdot mL^{-1}$)
9	−1	0	−1	252.55
10	−1	−1	0	371.47
11	1	0	1	553.23
12	1	1	0	364.19
13	0	0	0	576.97
14	0	0	0	599.13
15	0	0	0	604.95

　　运用 Design – Expert 分析软件进行数据处理,对试验数据进行多元回归拟合,得到韭菜籽粕质量分数、初始 pH、发酵时间的二元多次回归模型为

$$R_1 = +593.68 + 54.46A + 25.14B + 122.94C + 69.87AB + 46.12AC + 34.05BC -$$
$$100.60A^2 - 127.00B^2 - 126.95C^2 \tag{2.13}$$

　　对回归方程进行方差分析,结果见表 2.26。回归模型 P 值($P = 0.000\ 5$)小于 0.01,表明所得模型较显著。模型的相关系数 R^2 达 98.52% 以上,失拟项 P 值为 0.133 3 大于 0.05,失拟不显著,说明该方程对试验拟合度较好,可靠性较高,可用此模型来分析和预测黑曲霉发酵法制备韭菜籽粕多肽的效果。从表 2.26 回归模型系数的显著性检验结果中可以看出,模型一次项 A、C 的 P 值小于 0.01,说明韭菜籽粕质量分数和发酵时间对韭菜籽粕多肽质量浓度的影响极显著,B 的 P 值大于 0.05,说明初始 pH 对韭菜籽粕多肽质量浓度的影响不显著;交互项 AB 的 P 值小于 0.01,对韭菜籽粕多肽质量浓度影响极显著;交互项 BC 的 P 值大于 0.05,对韭菜籽粕多肽质量浓度影响不显著;交互项 AC 的 P 值小于 0.05,对韭菜籽粕多肽质量浓度影响显著;同时二次项 A^2、B^2、C^2 的 P 值都小于 0.01,具有极高的显著性。由此可知,各影响因素对于多肽质量浓度的影响不是简单的线性关系,曲面效应显著。各因素影响提取韭菜籽粕多肽质量浓度的程度由大到小为发酵时间 > 韭菜籽粕质量分数 > 初始 pH。

表 2.26　回归方程的方差分析

方差来源	自由度	总偏差平方和	平均偏差平方和	F 值	Prob > F	显著性
A	1	23 729.31	23 729.31	24.75	0.004 2	* *
B	1	5 056.66	5 056.661	5.27	0.070 1	
C	1	1.209×10^5	1.209×10^5	126.12	<0.000 1	* *
AB	1	1952 5.87	19 525.87	20.36	0.006 3	* *
AC	1	8 507.30	8 507.30	8.87	0.030 8	*
BC	1	4 637.61	4 637.61	4.84	0.079 2	
A^2	1	37 365.01	37 365.01	38.97	0.001 5	* *
B^2	1	59 557.14	59 557.14	62.12	0.000 5	* *
C^2	1	59 510.25	59 510.25	62.07	0.000 5	* *
模型	9	3.183×10^5	35 369.34	36.89	0.000 5	* *
误差项	5	4 794.02	958.80			
失拟项	3	4 358.08	1 452.69	6.66	0.133 3	不显著
纯差项	2	435.94	217.97			
所有项	14	3.231×10^5				
$S = 30.96$		$R^2 = 98.52\%$			$R^2_{\text{Adj}} = 95.85\%$	

注:$P < 0.001$,代表极显著"* * *";$P < 0.01$,代表较显著"* *"; $P < 0.05$,代表显著"*";$P > 0.05$,代表不显著。

①各因素对黑曲霉发酵韭菜籽粕制备韭菜籽粕多肽的影响分析。用各因素的 F 值可评价该因素对试验指标的影响,F 值越大,表明该因素的影响越显著。响应面曲面的坡度可反映该因素对黑曲霉发酵韭菜籽粕制备韭菜籽粕多肽质量浓度影响的强弱程度。响应曲面相对平缓,说明其可容忍处理条件的影响。等高线图的形状表明变量间的交互作用是否显著,椭圆等高线表明变量间的交互作用显著,圆形等高线表明交互作用不显著。由图 2.43 ~ 2.45 可以看出,各因素对韭菜籽粕多肽质量浓度均有不同程度影响,韭菜籽粕多肽质量浓度在试验区内可达到极值。此外,由等高线可知,发酵时间等高线变化趋势较韭菜籽粕质量分数和初始 pH 陡峭。由此可推测发酵时间对所得多肽质量浓度影响大于韭菜籽粕质量分数和初始 pH。由图 2.44 可看出,在韭菜籽粕质量分数和初始 pH 交互作用等高线中,等高线沿韭菜籽粕质量分数轴变化的趋势明显高于初始 pH 轴,说明韭菜籽粕质量分数对黑曲霉发酵韭菜籽粕制备得到

韭菜籽粕多肽质量浓度影响较初始 pH 大。综上所述,各因素对韭菜籽蛋白提取率的影响主次顺序为发酵时间 > 韭菜籽粕质量分数 > 初始 pH。

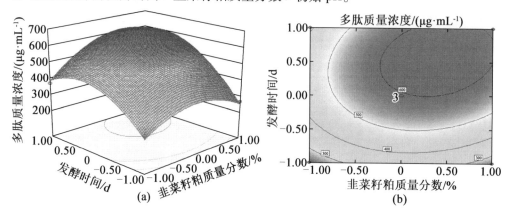

图 2.43　韭菜籽粕质量分数和发酵时间对黑曲霉发酵韭菜籽粕制备韭菜籽粕多肽影响的响应面和等高线图

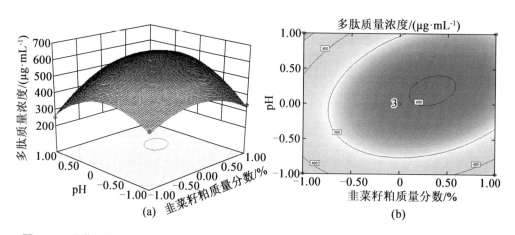

图 2.44　韭菜籽粕质量分数和初始 pH 对黑曲霉发酵韭菜籽粕制备韭菜籽粕多肽影响的响应面和等高线图

②最佳提取条件及验证。由 Design – Expert 软件分析 3 个因素最优试验点为:韭菜籽粕质量分数为 9.40%,初始 pH 为 3.06,发酵时间为 3.04 d,在此条件下的韭菜籽粕多肽质量浓度为 593.34 μg/mL。按照试验操作的可行性,将最佳条件调整为韭菜籽粕质量分数为 9.4%,初始为 pH 3.0,发酵时间为 3.0 d,根据优化得到的参数进行验证试验,重复 3 次,发酵结果的平均韭菜籽粕多肽质量浓度为 573.55 μg/mL,与理

论值相差3.45%（相对误差＜5%），说明该方程与实际情况拟合很好，通过响应面法优化得到的模型回归方程及最佳条件可靠。

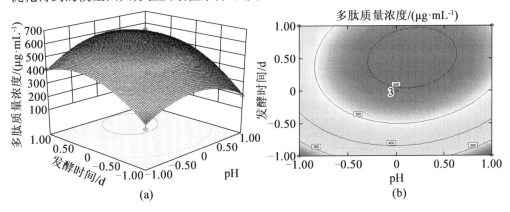

图 2.45　初始 pH 和发酵时间对黑曲霉发酵韭菜籽粕制备韭菜籽粕多肽影响的响应面和等高线图

（4）抗氧化性能检测。

①韭菜籽粕多肽和 BHT 对 DPPH· 的清除效果。如图 2.46 所示。

由图 2.46 可知，以 BHT 为对照，随着韭菜籽粕多肽质量浓度的提高，清除能力逐渐增强，当质量浓度为 2.0 mg/mL 时，清除率达 66.3%。

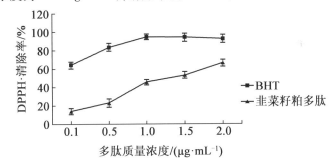

图 2.46　韭菜籽粕多肽和 BHT 清除 DPPH· 自由基的能力

②韭菜籽粕多肽和 BHT 的总还原力。如图 2.47 所示。

抗氧化剂通过自身的还原作用给出电子而清除自由基，还原力越强，抗氧化性越强。因此，可通过测定还原力来说明其抗氧化活性的大小。由图 2.47 可知，随着韭菜籽粕多肽质量浓度的提高（0.1～2.0 mg/mL），还原力逐渐增强。

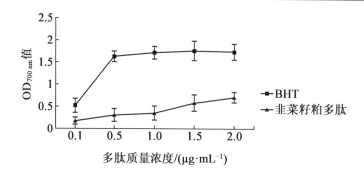

图 2.47 韭菜籽粕多肽和 BHT 的总还原力

3. 小结。

（1）根据单因素的试验结果，通过 Box – Behnken 中心组合试验设计及响应面分析，得到具有较好拟合度的回归方程模型，该模型具有统计学意义，从而确定优化条件。通过验证试验，优化后实际响应值与预测的最大响应值间拟合程度良好，表明中心组合设计和响应面分析在提取条件优化方面的应用具有实际指导作用。得出最终的优化条件：韭菜籽粕质量分数为 9.4%，初始 pH 为 3.0，发酵时间为 3.0 d，在此条件下韭菜籽粕多肽质量浓度是为 573.55 μg/mL。

（2）对在最佳黑曲霉发酵工艺条件下制备的韭菜籽粕多肽对 DPPH· 的清除能力以及总还原力进行测定，结果表明韭菜籽粕多肽具有抗氧化活性。

2.4.5 枯草芽孢杆菌液态发酵韭菜籽粕制备韭菜籽粕多肽

1. 试验流程。

枯草芽孢杆菌液态发酵韭菜籽粕制备韭菜籽粕多肽试验流程如图 2.48 所示。

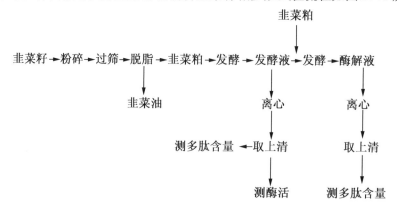

图 2.48 枯草芽孢杆菌液态发酵韭菜籽粕制备韭菜籽粕多肽试验流程

2. 试验步骤。

（1）发酵前的准备。

①枯草芽孢杆菌 10071 冻干物的打管复活。在无菌操作台上，将管顶端置于酒精灯外焰上均匀加热，滴几滴无菌水于加热部位破裂管壁，然后用镊子敲下破裂处。用移液枪吸取 1 mL 液体培养基使冻干菌粉溶解。将溶解液转移至盛有 5 mL 液体培养基的试管中混匀，接种到固体培养基上均匀涂布，后置于培养箱内培养，观察枯草芽孢杆菌的长势。取长势较好的枯草芽孢杆菌接种到试管斜面培养基上，进行复壮两代。

②菌种的保藏。将试管斜面培养的菌种，置于 4 ℃冰箱内，进行短期保存，并取上述菌悬液，加入一定体积比的甘油，置于 −80 ℃冷冻室内长期保存。

③种子液的制备。将在试管斜面培养基上复壮两代的菌种，接种到装有液体培养基的锥形瓶内。将锥形瓶置于恒温摇床上进行培养。

④菌悬液浓度的确定。用生理盐水稀释菌悬液浓度至 10^7 个/mL，为发酵所需浓度。

⑤酪氨酸标准曲线的制作。用电子天平精确称取酪氨酸 0.005 g，用 1 mol/L 的盐酸进行溶解后定容至 50 mL。然后取 6 支干净试管，分别编号。向 6 支试管里分别加入酪氨酸溶液 0 mL、0.01 mL、0.02 mL、0.03 mL、0.04 mL、0.05 mL，各用蒸馏水补充至 1 mL。再分别在各试管中加入 5 mL 0.4 mol/L 的碳酸钠溶液和 1 mL 福林酚试剂，混匀后 40 ℃水浴反应 20 min，后在 680 nm 下，分别测定各管 OD 值。依据试验结果，绘制酪氨酸标准曲线。

⑥蛋白酶活力的测定。依据孙婕等测定蛋白酶活力的方法进行测定，取 4 支试管，分别编号，在这 4 支试管中各加入粗酶液 1 mL，取 1 支试管作为对照，先向该管中加入 2 mL 0.4 mol/L 的三氯乙酸（TCA），使酶失活。后在这 4 支试管里分别加入 1 mL 2% 的酪蛋白溶液，混匀后，40 ℃恒温反应 15 min。接着在另外 3 支试管中分别加入 2 mL 0.4 mol/L TCA。混匀反应后，于离心机内 4 000 r/min，离心 20 min。分别取离心管中上清液各 1 mL 于新离心管内，各管再加入 5 mL 0.4 mol/L 的碳酸钠溶液和 1 mL 的 2 mol/L 福林酚试剂混匀，放置于 40 ℃恒温水浴反应 20 min。然后用分光光度计测其在 680 nm 下的 OD 值，计算公式为

$$酶活 \; X = \frac{K \times A \times 4 \times N}{10 \times V} \tag{2.14}$$

式中　A——每组平行试验吸光度的平均值；

　　　K——吸光常数；

N——稀释倍数；

V——取粗酶液的体积，mL。

（2）发酵产蛋白酶活力的单因素研究。

影响枯草芽孢杆菌代谢产酶的因素有很多，本试验对 pH、接种量、韭菜籽粕质量分数、发酵时间 4 个因素进行了探索。

①pH 对蛋白酶活力的影响。取 15 个干净的 150 mL 的锥形瓶，均分 5 组并进行编号。用电子天平分别称取 5%（体积质量，下面）韭菜籽粕于锥形瓶内，后加入一定体积的蒸馏水至每瓶装量体积为 50 mL。调节各组锥形瓶的 pH 分别为 5、6、7、8、9。在高压灭菌锅内灭菌 20 min。于无菌操作台冷却至 30 ℃左右进行接种，接种量为 5%。将接种好的发酵体系置于 30 ℃摇床上进行培养，设置转速为 200 r/min。培养 2 d后，测定该发酵液中蛋白酶的酶活力。

②接种量对蛋白酶活力的影响。取 15 个干净的 150 mL 的锥形瓶，均分 5 组并进行编号，分别称取 5% 的韭菜籽粕于各锥形瓶内。再分别加入一定体积的蒸馏水至每瓶装量体积为 50 mL，并调节 pH 为 7，高压灭菌 20 min，于无菌操作台上冷却至 30 ℃左右，分别接种 1%、3%、5%、7%、9%（体积分数）的孢子悬液。充分混匀后在摇床上振荡发酵培养 2 d，然后测定发酵液中蛋白酶的酶活力。

③韭菜籽粕质量分数对蛋白酶活力的影响。取 15 个干净的 150 mL 锥形瓶，均分 5 组并进行编号，分别称取质量分数为 3%、4%、5%、6%、7% 的韭菜籽粕于各锥形瓶内。再分别加入一定体积的蒸馏水至每瓶装量体积为 50 mL，并调节 pH 为 7，高压灭菌20 min。于无菌操作台上冷却至 30 ℃左右接种 5% 的孢子悬液。混匀后于 30 ℃摇床内发酵培养 2 d，进行酶活力的测定。

④发酵时间对蛋白酶活力的影响。取 15 个干净的 150 mL 的锥形瓶，均分 5 组并进行编号，称取 5% 的韭菜籽粕于各锥形瓶内。再分别加入一定体积的蒸馏水至每瓶装量体积为 50 mL，调节 pH 为 7，高压灭菌 20 min 后，于无菌操作台上冷却至 30 ℃左右向每个锥形瓶内接种 5% 的孢子悬液。充分混匀后在摇床上分别振荡发酵培养 12 h、24 h、48 h、60 h、72 h，发酵结束后，测定酶活力。

（3）发酵产蛋白酶活力的响应面研究。

在上述最佳单因素条件下，为了使发酵液中酶活力达到最高，有必要对单因素条件再进行优化，故采用响应面分析法。此设计需要先通过测试才能建立适当的模型。本试验对 pH（A）、接种量（B）、韭菜籽粕质量分数（C）、发酵时间（D）设置了 3 个不同的水平进行试验,以酶活力(R_1)为响应值。试验因素与水平见表2.27。

表 2.27　响应面分析法的因素与水平

编码值	因素			
	A(pH)	B(接种量/%)	C(韭菜籽粕质量分数/%)	D(发酵时间/h)
−1	6	3	4	36
0	7	5	5	48
1	8	7	6	60

(4)发酵液的制备。

取 10 个 500 mL 的锥形瓶,依据最佳的酶活力条件(pH 7.26、接种量4.80 %、韭菜籽质量分数5.01%)进行装量,每瓶装量体积为150 mL。然后将发酵体系于摇床上30 ℃条件下振荡培养48 h。

(5)甘氨酸标准曲线的制作。

参照谢翠品等方法,配制20 μg/mL 的甘氨酸溶液,然后取21 支干净的试管,平均分成 7 组,分别取 0 mL、0.1 mL、0.2 mL、0.4 mL、0.6 mL、0.8 mL、1.0 mL 的甘氨酸溶液于 7 组试管中,并用蒸馏水补足至体积为 1 mL。然后向各试管加入 1 mL 0.2 mol/L的乙酸 – 乙酸钠缓冲液(pH = 5.8),再加入 1 mL 0.2% 的茚三酮显色液,用棉塞塞住试管口,振荡试管,使试管中的试剂充分混匀。在 100 ℃水浴中反应 20 min,并观察其颜色变化,冷却至室温,再向各试管加入 3 mL 60% 的乙醇,混匀后,在 570 nm 下测其吸光度。依据试验结果绘制标准曲线。

(6)酶解液中多肽质量浓度的测定。

取一定体积发酵液于干净的离心管内,在 4 000 r/min 下离心 15 min。然后取上清液 1 mL 于新的离心管内,再向离心管内加入 1 mL 20% 的三氯乙酸,充分反应后,使酶完全灭活。然后于离心机内,5 000 r/min 离心 15 min。然后取上清液 0.5 mL,用蒸馏水定容至 50 mL。取 1 mL 稀释液依据茚三酮法测定多肽质量浓度。

(7)酶解液产韭菜籽粕多肽的单因素研究。

①酶解时间对韭菜籽粕多肽质量浓度的影响。取一定体积的发酵液于 15 个锥形瓶内,平均分成 5 组,各加入 5% 韭菜籽粕,并调节体系的 pH 为 7,然后在 50 ℃、200 r/min 条件下于摇床上进行酶解,分别在 2 h、4 h、6 h、8 h、10 h 测量酶解液中多肽

的质量浓度,并求取被酶解的多肽质量浓度。

②pH对韭菜籽粕多肽质量浓度的影响。取一定体积的发酵液于15个锥形瓶内,平均分成5组,各加入5%韭菜籽粕,然后调节体系的pH分别为5、6、7、8、9,于50 ℃、200 r/min条件下于摇床上进行酶解,酶解6 h后,测量酶解液中多肽的质量浓度,并求取被酶解的多肽质量浓度。

③温度对韭菜籽粕多肽质量浓度的影响。取一定体积的发酵液于15个锥形瓶内,平均分成5组,各加入5%韭菜籽粕,然后调节体系的pH=7,分别在40 ℃、45 ℃、50 ℃、55 ℃、60 ℃、200 r/min条件下于摇床上进行酶解,酶解6 h后,测量酶解液中多肽的质量浓度,并求取被酶解的多肽质量浓度。

④韭菜籽粕质量分数对韭菜籽粕多肽质量浓度的影响。取一定体积的发酵液于15个锥形瓶内,平均分成5组,加入质量分数分别为3%、4%、5%、6%、7%的韭菜籽粕,然后调节体系的pH=7,在50 ℃、转速200 r/min条件下于摇床上进行酶解,酶解6 h后,测量酶解液中的多肽质量浓度,并求取被酶解的多肽质量浓度。

(8)酶解液产韭菜籽粕多肽的响应面研究。

在最佳酶解时间条件下,依据上述单因素试验得到的最佳条件对韭菜籽粕质量分数(A)、pH(B)、温度(C)3个因素设置3个不同的水平,以多肽质量浓度(R_1)为响应值。试验因素与水平见表2.28。

表2.28　响应面试验的因素与水平

编码值	因素		
	A(韭菜籽粕质量分数/%)	B(pH)	C(温度/℃)
−1	5	7	45
0	6	8	50
1	7	9	55

3.试验结果及分析。

(1)发酵产蛋白酶活力研究结果与分析。

如图2.49所示,酪氨酸标准曲线的回归方程为$y = 0.001x + 0.050\ 3$,由$R^2 = 0.992\ 5$可知酪氨酸浓度与吸光度相关性较好,线性关系显著。

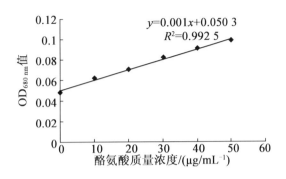

图 2.49　酪氨酸标准曲线

（2）发酵产蛋白酶研究的单因素结果及分析。

①pH 对蛋白酶活力的影响。

如图 2.50 所示，在 pH = 7 左右时，酶活力达到最高，在 pH 5 ~ 6 范围内，酶活力逐渐增大，pH 8 ~ 9 时，酶活力逐渐降低。说明枯草芽孢杆菌的发酵体系酶活力最高时 pH 应该在 7 左右，原因可能是由于 pH 过低或者过高会影响微生物吸收营养物质，抑制微生物的生长，进而导致其产酶能力下降。所以，可确定 pH = 7 为最佳发酵条件。

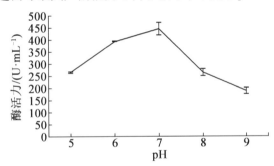

图 2.50　pH 对蛋白酶活力的影响

②接种量对蛋白酶活力的影响。

如图 2.50 所示，接种量对酶活力影响较为显著，在接种量为 1% ~ 5% 范围内，酶活力显著增加，7% ~ 9% 范围内酶活力逐渐降低，这是因为当韭菜籽粕质量分数一定时，即微生物生长所需营养物质一定时，微生物的量越多，其就先会利用营养物质来进行细胞的合成，从而使酶的合成下降。所以确定最佳产酶能力的条件为接种量 5%。

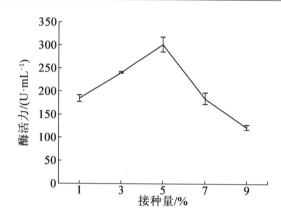

图 2.51　接种量对蛋白酶活力的影响

③韭菜籽粕质量分数对蛋白酶活力的影响。

如图 2.52 所示,在韭菜籽粕质量分数为 3% ~5% 时,体系的酶活力逐渐增高。当浓度再增大时,酶活力降低。这是因为当韭菜籽粕质量分数较小时,不足以或不能满足枯草芽孢杆菌的生长所需,则其代谢产酶能力较弱。当韭菜籽粕质量分数增大到一定程度时,由于蛋白质含量充足,枯草芽孢杆菌生长就比较旺盛。枯草芽孢杆菌生长会产生一定的黏性物质,不利于蛋白酶的积累。故确定最佳发酵条件为韭菜籽粕质量分数为 5% ,使酶活力达到最高。

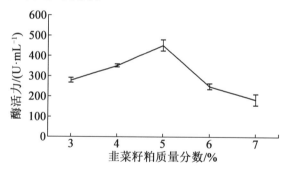

图 2.52　韭菜籽粕质量分数对蛋白酶活力的影响

④发酵时间对蛋白酶活力的影响。

如图 2.53 所示,枯草芽孢杆菌发酵韭菜籽粕产蛋白酶的酶活力受时间影响较大。当发酵达到 48 h 时,发酵液的酶活力达到最大值。48 ~72 h 酶活力逐渐下降。这是由于在发酵的短时间里,枯草芽孢杆菌生长缓慢,代谢能力弱。随着时间的增加,枯草芽孢杆菌的产酶能力在提高。在发酵后期,随着时间的延长,枯草芽孢杆菌开始衰亡,产酶能力下降,酶活力随之减小。

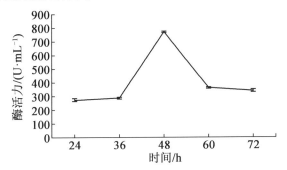

图 2.53　发酵时间对蛋白酶活力的影响

Box – Behnken 试验结果见表 2.29。

表 2.29　Box – Behnken 试验结果

试验号	A	B	C	D	酶活/(U·mL^{-1})
1	0	1	0	− 1	158
2	0	0	− 1	1	105
3	1	− 1	0	0	305
4	− 1	0	0	1	134
5	0	1	− 1	0	119
6	− 1	0	− 1	0	92
7	− 1	0	0	− 1	100
8	0	1	0	1	147
9	0	0	1	1	90
10	1	0	0	1	272
11	− 1	0	1	0	97
12	1	0	0	− 1	279
13	0	0	0	0	538
14	0	− 1	1	0	221
15	0	0	1	− 1	106
16	0	− 1	0	− 1	210

续表 2.29

试验号	A	B	C	D	酶活/（U·mL⁻¹）
17	-1	1	0	0	265
18	0	-1	0	1	222
19	1	0	-1	0	262
20	0	-1	-1	0	217
21	-1	-1	0	0	298
22	1	1	0	0	315
23	0	0	0	0	540
24	0	0	-1	-1	92
25	1	0	1	0	277
26	0	0	0	0	504
27	0	1	1	0	128

（3）发酵产蛋白酶研究的响应面。

用 Design – Expert 软件对表 2.28 中的数据进行多元回归拟合,得到方程为

$$
\begin{aligned}
R_1 = &+527.33 + 60.33A - 28.42B + 2.67C + 2.08D + 10.75AB + 2.50AC - \\
&10.25AD + 1.25BC - 5.75BD - 7.25CD - 114.63A^2 - 126.00B^2 - \\
&225.88C^2 - 212.25D^2
\end{aligned}
\tag{2.15}
$$

上述方程经回归方差分析所得结果见表 2.30。

表 2.30　回归方程的方差分析结果

方差来源	自由度	总偏差平方和	平均偏差平方和	F 值	Prob > F
A	1	43 681.33	43 681.33	28.39	0.000 2
B	1	9 690.08	9 690.08	6.3	0.027 4
C	1	85.33	85.33	0.005	0.817 8
D	1	52.08	52.08	0.034	0.857 1
AB	1	462.25	462.25	0.3	0.593 7
AC	1	25	25	0.016	0.900 7
AD	1	420.25	420.25	0.27	0.610 8

续表 2.30

方差来源	自由度	总偏差平方和	平均偏差平方和	F 值	Prob > F
BC	1	6.25	6.25	0.004 062	0.950 2
BD	1	132.25	132.25	0.086	0.774 4
CD	1	210.25	210.25	0.14	0.718 1
A^2	1	70 074.08	70 074.08	45.54	<0.000 1
B^2	1	84 672	84 672	55.03	<0.000 1
C^2	1	272 100	272 100	176.84	<0.000 1
D^2	1	240 300	240 300	156.15	<0.000 1
模型	14	441200	441 200	20.48	<0.000 1
残差	12	184 63.92	1 538.66		
失拟项	10	17 645.25	1 764.53	4.31	0.202 9
纯误差	2	818.67	409.33		
总和	26	45 960			
		$R^2 = 0.959\ 8$	$R^2_{adj} = 0.913\ 0$		

由表 2.30 的方差分析可知,该模型对酶活力的拟合复相关系数 $R^2 = 0.959\ 8$,说明拟合模型与实际情况拟合程度较好;失拟项的 P 值 0.202 9 >0.05,说明模型失拟不显著,拟合程度高,故该拟合模型是具有可行性的。

另外,在该模型中由各影响因素的回归系数的绝对值可知,$A > B > C > D$,说明 A、B、C、D 4 个因素中,影响蛋白酶酶活力影响作用大小依次为 $A > B > C > D$,且一次项 $P_A < 0.01$,$P_B < 0.05$,说明 pH 对酶活力影响极显著,接种量对酶活力影响显著;由交互项可知,绝对值 $AB > AD > CD > BD > AC > BC$,说明交互项对酶活力的影响作用大小不一。其中,pH、接种量交互项对酶活力影响最大,由二次项 P 值均小于 0.01,说明二次项均具有极高的显著性。

响应面图形是特定的响应值 R_1 与对应因素 pH、接种量、韭菜籽粕质量分数、发酵时间的关系图(图 2.54 ～ 2.59),它可以直接反映各交互项对酶活力的影响。

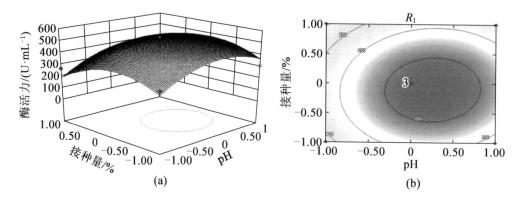

图 2.54 pH 和接种量对蛋白酶酶活力的响应面图

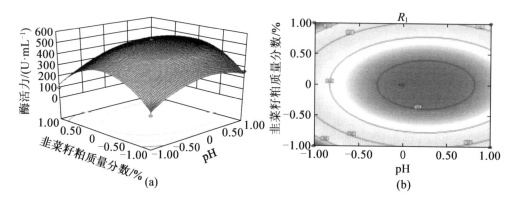

图 2.55 pH 和韭菜籽粕质量分数对蛋白酶酶活力的响应面图

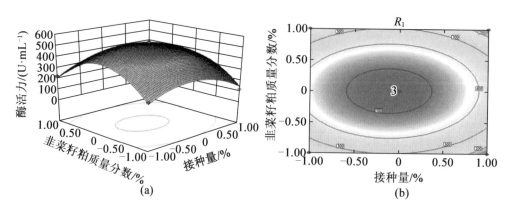

图 2.56 接种量和韭菜籽粕质量分数对蛋白酶酶活力的响应面图

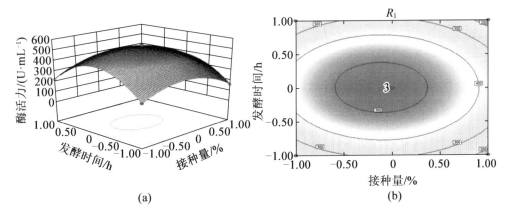

图 2.57　接种量和发酵时间对蛋白酶酶活力的响应面图

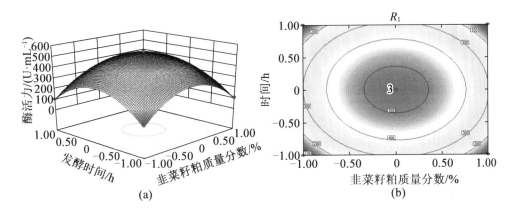

图 2.58　韭菜籽粕质量分数和发酵时间对蛋白酶酶活力的响应面图

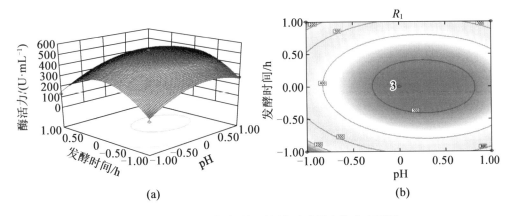

图 2.59　pH 和发酵时间对蛋白酶酶活力的响应面图

经由软件分析,可得最优的工艺条件:pH 为 7.26,接种量为 4.80%,韭菜籽粕质量分数为 5.01%,发酵时间为 48 h,此时预测的酶活力为 536.585 U/mL,验证试验酶活力为 520 U/mL,所得结果比优化前有所提高,表明该模型优化结果可靠。

(4)酶解液产韭菜籽粕多肽的结果及分析。

①甘氨酸标准曲线。

如图 2.60 所示,甘氨酸标准曲线的回归方程为 $y = 0.035\,6x - 0.024\,9$,由 $R^2 = 0.997\,1$ 可知该图线性关系显著,则可依据该标准曲线用茚三酮法求出酶酵液中—NH$_2$ 的含量,即可求出酶解制得的多肽的质量浓度。

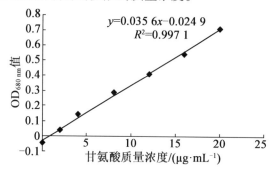

图 2.60　甘氨酸标准曲线

②酶解液产韭菜籽粕多肽研究的单因素结果及分析。

a. 酶解时间对韭菜籽粕多肽质量浓度的影响。

如图 2.61 所示,随着酶解时间的延长多肽质量浓度逐渐增加,2~6 h 内,增加比较显著,在 6~8 h 时间段,多肽质量浓度基本稳定,没有明显提高,所以确定酶解时间的最佳时间为 6 h。

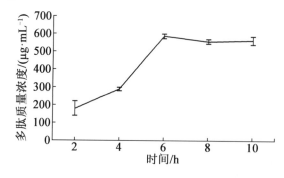

图 2.61　酶解时间对韭菜籽粕多肽质量浓度的影响

b. pH 对韭菜籽粕多肽质量浓度的影响。

如图 2.62 所示,在 pH 为 5~8 时,随着 pH 逐渐增大,多肽质量浓度也逐渐增大,但随着 pH 再增大时,多肽质量浓度明显下降,这可能是由于 pH 过大或者过小会影响酶的活性,使酶的活性降低,故而影响韭菜籽蛋白的水解,韭菜籽粕多肽质量浓度较低。

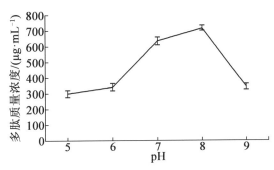

图 2.62　pH 对韭菜籽粕多肽质量浓度的影响

c. 温度对韭菜籽粕多肽质量浓度的影响。

如图 2.63 所示,温度对多肽质量浓度的影响也比较明显。50 ℃时多肽质量浓度比较高,与杨雪等酶解法制备韭菜籽多肽结果相似。它是由于此时蛋白酶的活性比较大,故水解得到的韭菜籽粕多肽较多。另外,从图中看出多肽质量浓度在 60 ℃比 55 ℃高,这可能是由于在测定多肽质量浓度时,试验误差比较大,导致实际值与理论值偏差较大。理论上 55 ℃条件下多肽质量浓度应高于 60 ℃。

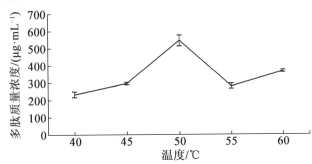

图 2.63　温度对韭菜籽粕多肽质量浓度的影响

d. 韭菜籽粕质量分数对韭菜籽粕多肽质量浓度的影响。

如图 2.64 所示,在韭菜籽粕质量分数为 6% 时,多肽质量浓度较高。当韭菜籽粕质量分数高于6%时,多肽质量浓度变化较小,这是由于发酵液中水解酶的质量浓度与活性都一定,不能使所有的韭菜籽蛋白都水解。

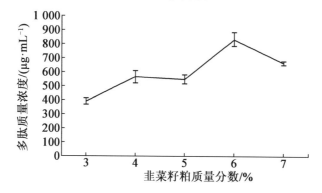

图2.64 韭菜籽粕质量分数对韭菜籽粕多肽质量浓度的影响

Box – Behnken 试验设计及结果见表2.31。

表2.31 Box – Behnken 试验设计及结果

序号	A	B	C	多肽质量浓度/$(\mu g \cdot mL^{-1})$
1	1	0	1	386
2	0	0	0	679
3	0	0	0	682
4	0	0	0	712
5	0	1	−1	300
6	0	−1	−1	372
7	−1	−1	0	498
8	1	1	0	350
9	1	0	1	386
10	1	−1	0	465
11	1	0	−1	370
12	1	0	−1	276
13	−1	0	1	356
14	0	−1	1	383
15	0	1	1	389

（5）酶解液酶解韭菜籽粕的响应面优化试验。

令 R 表示多肽质量浓度、A 表示韭菜籽粕质量分数、B 表示 pH、C 表示温度,用 De-sign – Expert 软件,对表 2.30 中的数据多元回归拟合,处理后回归方程为

$$R = 691.00 - 12.13A - 41.13B + 24.50C + 8.25AB + 31.00AC + 19.50BC - \\ 144.62A^2 - 130.63B^2 - 199.38C^2 \tag{2.16}$$

对上述方程进行二次回归分析,结果见表 2.32。

表 2.32　回归方程的方差分析结果

方差来源	自由度	总偏差平方和	平均偏差平方和	F 值	Prob > F
A	1	1 176.13	1 176.13	1.04	0.354
B	1	13 530.13	13 530.13	12	0.018
C	1	4 802	4 802	4.26	0.094
AB	1	272.25	272.25	0.24	0.644
AC	1	3 844	3 844	3.41	0.124 2
BC	1	1 521	1 521	1.35	0.297 9
A^2	1	77 229.75	77 229.75	68.48	0.001 8
B^2	1	63 001.44	63 001.44	55.86	0.002 4
C^2	1	146 800	146 800	130.13	< 0.000 1
模型	9	276 000	30 665.83	27.19	0.001
误差项	5	5 639.25	1 127.85		
失拟项	3	4 973.25	1 657.75	4.98	0.171 8
纯差项	2	666	333		
所有项	14	281 600			
		$R^2 = 0.98$	$R^2_{\text{Adj}} = 0.943\ 9$		

由表 2.32 可知,$R^2 = 0.98$,说明各因素与响应值之间有显著的关系。失拟项的 F 值为 4.98,失拟不显著,也说明此模型与数据拟合度很高,可用此模型分析和预测发酵液法提取韭菜籽粕多肽的研究。交互项 AB、AC、BC 的 P 值大于 0.05 对韭菜籽粕多肽质量浓度的影响不显著。同时二次项 A^2、B^2、C^2 的 P 值都小于 0.01 具有极高的显著性。通过响应面分析图可以看出各交互因素的相互作用,并得出最佳工艺:酶解 6 h,韭菜籽粕质量分数为 5.96%、pH 为 7.8、温度为 50.26 ℃,预测多肽质量浓度为 695.054 μg/mL。

　　各交互项对韭菜籽粕多肽质量浓度影响的响应面图如图 2.65 ~ 2.67 所示。

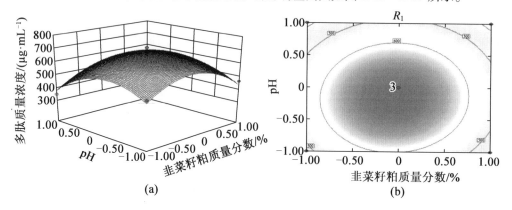

图 2.65　韭菜籽粕质量分数和 pH 对韭菜籽粕多肽质量浓度影响的响应面图

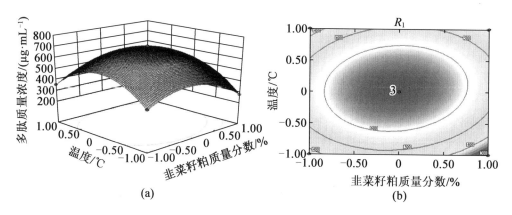

图 2.66　韭菜籽粕质量分数和温度对韭菜籽粕多肽质量浓度影响的响应面图

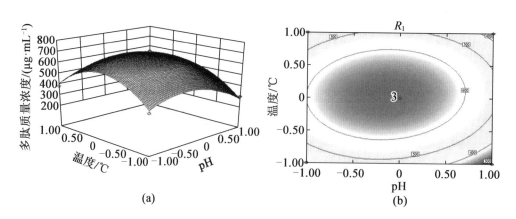

图 2.67　pH 和温度对韭菜籽粕多肽质量浓度影响的响应面图

从图 2.65~2.67 中可以看出,pH、韭菜籽粕质量分数、温度对酶解韭菜籽粕产多肽质量浓度的影响都比较显著,表现为等高线图形上曲线较陡。

4. 小结。

根据单因素试验以及响应面优化试验的结果可以看出,因素 pH、接种量、韭菜籽粕质量分数、发酵时间对酶活力都有很大的影响,并且通过响应面建立的数学模型不仅具有统计学意义,结果显著且可靠,故该模型具有可行性。试验确定的最优条件:pH 为 7.26,接种量为 4.80% 韭菜籽质量分数为 5.01%,发酵时间为 48 h。发酵液酶解韭菜籽粕产韭菜籽粕多肽的试验结果表明,当酶解时间为 6 h 时,在韭菜籽粕质量分数为 5.96% 、pH 为 7.8、温度为 50.26 ℃得到韭菜籽粕多肽质量浓度为 680 μg/mL。

2.4.6　韭菜籽粕多肽氨基酸组成分析、多肽分子量分布及抗氧化活性研究

1. 韭菜籽粕多肽氨基酸组成分析及分子量分布。

(1)氨基酸组成分析。

取 150 mg 韭菜籽粕多肽样品用 6 mol/L 的盐酸 8 mL 在 110 ℃条件下进行酸水解 24 h,采用安捷伦 1100 反相高效液相色谱仪进行分析。C18 柱(4.6 mm × 180 mm)。流动相 A:超纯水/三氟乙酸 0.1%(体积分数);流动相 B:乙腈/三氟乙酸 0.1%(体积分数);检测波长:214 nm;流速:0.5 mL/min,柱温:30 ℃,进样量:10 μL。

(2)分子量分布。

采用 Waters 6000 高效液相色谱系统,凝胶(2000SWXL,300 nm × 7.8 mm)柱,2487 紫外检测器和 M32 工作站,在 220 nm 条件下进行检测。洗脱液为醋酸/水/氟氯酸(45/55/0.1),流速:0.5 mL/min,柱温:30 ℃。

2. 韭菜籽粕多肽氨基酸组成分析及分子量分布。

(1)氨基酸组成分析。

如表 2.33 所示,韭菜籽粕多肽的氨基酸总量为 24.81 g/100 g。一些报道指出,某些氨基酸如组氨酸、半胱氨酸、酪氨酸和亮氨酸与抗氧化活性有关,尤其是含有组氨酸的肽更显示出了强烈的清除自由基的能力。

表2.33　韭菜籽粕多肽氨基酸成分　　　　　　　　g/100 g

氨基酸	含量(质量比)	氨基酸	含量(质量比)
天门冬氨酸	2.22	苏氨酸	0.93
丝氨酸	1.18	谷氨酸	5.61
脯氨酸	1.36	甘氨酸	1.04
丙氨酸	1.13	缬氨酸	0.94
蛋氨酸	1.32	异亮氨酸	0.60
亮氨酸	1.37	酪氨酸	0.53
苯丙氨酸	0.92	赖氨酸	1.39
组氨酸	0.56	精氨酸	2.42
胱氨酸	1.07	色氨酸	0.22

（2）分子量分布。

韭菜籽粕的分子量分布通过高效液相分子筛色谱来进行检测,结果见表2.34。由表2.34可见,韭菜籽粕的分子量主要分布在 <2 000 u 的分子量范围,表明韭菜籽粕多肽含有大量的小分子肽类物质,这些肽类物质含有2~18个氨基酸。许多研究者的结果表明,蛋白质水解后的肽类分布情况与抗氧化活性密切相关。本试验的研究发现,分子量低于2 000 u的小分子肽具有较高的抗氧化活性。

表2.34　韭菜籽粕多肽分子量分布

分子量	韭菜籽粕多肽/%
>5 000	1.93
5 000~2 000	9.18
2 000~1 000	17.36
1 000~500	23.13
500~300	20.32
300－189	8.37
<189	6.12
总量(<2 000)	86.41

6. 小结。

(1)黑曲霉发酵韭菜籽产蛋白酶活力的工艺研究。

为了充分利用韭菜籽中的蛋白质,本试验研究了黑曲霉液态发酵脱脂韭菜籽粉的不同发酵条件对蛋白酶活力的影响。以发酵液中的蛋白酶活力为指标,用单因素试验结合响应面试验探究了初始 pH、接种量、韭菜籽粉质量分数和发酵时间对蛋白酶活力的影响。最佳发酵条件:初始 pH 为 2.95,接种量为 10.0%,韭菜籽粉质量分数为 7.00%,发酵时间为 72 h。在最佳工艺条件下蛋白酶活力可达到 280 U/mL。

(2)黑曲霉液态发酵韭菜籽粕提取韭菜籽粕多肽工艺。

采用响应面分析法(RSM)优化黑曲霉液态发酵韭菜籽粕中韭菜籽粕多肽提取工艺,并测定了最优提取条件下韭菜籽粕多肽的抗氧化活性。结果表明:影响韭菜籽粕多肽提取工艺的因素主次顺序为发酵时间 > 韭菜籽粕质量分数 > 初始 pH,韭菜籽粕多肽提取的最佳工艺条件:韭菜籽粕质量分数为 9.4%,初始 pH 为 3.0,发酵时间为 3 d,在此条件下,每毫升发酵液中韭菜籽粕多肽质量浓度可达 573.55 μg/mL。在最佳工艺条件下,测定黑曲霉液态发酵制备的韭菜籽粕多肽对 DPPH· 的清除能力以及总还原力,结果表明采用黑曲霉液态发酵制备的韭菜籽粕多肽具有抗氧化活性,随着韭菜籽粕多肽浓度的提高,抗氧化活性增强。

(3)枯草芽孢杆菌液态发酵韭菜籽粕制备韭菜籽粕多肽。

首先研究了枯草芽孢杆菌发酵产蛋白酶的工艺。通过单因素试验确定了主要影响因素接种量、pH、韭菜籽粕质量分数、发酵时间最佳取值分别为 5%、7%、5%、48 h。再通过响应面试验对发酵产酶的条件进行优化,结果表明:枯草芽孢杆菌发酵韭菜籽粕的最佳产酶条件是 pH 为 7.26、接种量为 4.80%、韭菜籽粕质量分数为 5.01%、发酵时间为 48 h,该工艺下测得酶活为 520 U/mL。然后对发酵液酶解韭菜籽粕产韭菜籽粕多肽的最佳条件进行了探讨。以韭菜籽粕多肽质量浓度为指标,通过单因素试验确定了最佳酶解时间、韭菜籽粕质量分数、温度、pH 分别为 6 h、6%、50 ℃、8。通过响应面试验确定了最佳酶解条件:酶解时间为 6 h,pH 为 7.84,韭菜籽粕质量分数为 5.96%,温度为50.26 ℃,在此条件下,测得韭菜籽粕多肽质量浓度为 680 μg/mL。

(4)韭菜籽粕多肽氨基酸组成分析、多肽分子量分布及抗氧化活性研究。

韭菜籽粕多肽的氨基酸总量为 24.81 g/100 g。一些报道指出,某些氨基酸如组氨酸、半胱氨酸、酪氨酸和亮氨酸与抗氧化活性有关,尤其是含有组氨酸的肽更显示出了强烈的清除自由基的能力。韭菜籽粕的分子量主要分布在 <2 000 u 的分子量范围,表明韭菜籽粕多肽含有大量的小分子肽类物质,这些肽类物质含有 2～18 个氨基

酸。许多研究者的结果表明,蛋白质水解后的肽类分布情况与抗氧化活性密切相关。本试验研究发现,分子量低于 2 000 u 的小分子肽具有较高的抗氧化活性。通过检测韭菜籽粕多肽清除 DPPH·、ABTS 的能力以及总还原力的检测发现,韭菜籽粕多肽具有抗氧化活性,并且随着韭菜籽粕多肽浓度的提高,抗氧化活性增强。

7. 展望。

中草药是我国民族文化的瑰宝,是卫生事业的主要组成部分。物质文明的发展和人们回归自然的思潮及中草药独特的优势为中草药产业提供了巨大的发展空间。一直以来,我国都有大力发展中草药行业,近年来中草药的功效得到越来越多国家的认可,为中草药行业的发展提供了更广阔的平台。

多年以来,人们在许多地区都广泛种植葱属科植物,但其应用却局限于食用和调味品。通过对中药韭菜籽常规化学成分分析,韭菜籽是一种营养价值颇高的药食两用植物种子,韭菜籽含有相当丰富的不饱和脂肪酸、赖氨酸、烟酸和锌、钙、铁等矿物质元素,另外发现蛋白质、膳食纤维和维生素(B 族)含量也十分丰富。

由于蛋白类化合物是中草药的主要成分之一,随着生命科学和生物工程技术的迅速发展,人们对蛋白等生物大分子的研究兴趣日益增强,尤其是对活性蛋白类物质的兴趣更高,其应用也日益增加。科学家们研究发现了具有免疫调节、激素调节、酶调节、抗病毒、降血压和降血脂等功能性蛋白。由于功能性蛋白的特殊功能,使得人们对它的需求增加,现在已提取出的多种功能性蛋白可用于医用和保健,如大豆蛋白具有降血压、降胆固醇、抗肥胖、抗氧化和免疫调节等生理活性。伴随着需求,人们对蛋白质的结构和功能研究也逐渐深入。另外,随着蛋白类物质的营养价值和生物保健等功能逐渐被人们熟知,可以广泛应用于功能性食品、药品及保健品,使其在食品、医药、化工等方面的应用实现产业化,产生巨大的经济效益,推动韭菜籽资源的充分利用,实现地方经济乃至国家经济的再次腾飞,具有很大的应用与发展空间。

生物活性蛋白的存在相当广泛,关键是如何找到最佳的提取分离方法,因而涉及它们的分离和分析问题也日益重要。随着各种更新制备技术、分离机制和仪器设备的研究和发展,相信不久的将来,会建立一套完整的蛋白类物质的分离和提纯技术,并且这一技术会向快速、灵敏及高自动化方向发展,以满足科研及生产的需要。

百合科(1iliaceae)葱属(*allium*)植物约有 500 种,广泛分布于北半球,我国有 100 多种,主要分布于我国的东北、华北、西北及西南地区。葱属植物的不少品种既可食用也可药用,如小根蒜(薤白)、蒜、韭、葱等。几百年来,葱属植物在中东及远东地区广泛栽培,主要用于蔬菜和调味品。人类对葱属植物的科学研究始于 19 世纪初,此后,国内外学者对其化学成分及药理作用进行了大量研究,分离出多种类型的化合物,其中对该属植物大蒜和小根蒜的研究尤为深入,相关的研究报道较多,并开发出不少健康食品和药品上市,用于抗菌、抗癌及防治心脑血管疾病等。近年来,葱属植物中的皂苷、生物碱、含氮化合物和黄酮类化合物等化学成分及其挥发油成分日益引起国内外学者的重视。同时,随着分离技术的发展及二维核磁技术的应用,甾体皂苷类化合物的研究发展很快,近几年国内外从葱属植物中分离鉴定出的新皂苷化合物有数百种之多。目前,国内外对这三类化学成分的研究比较深入,但对其药理方面的作用机制和构效关系研究较少,而目前我国仅局限于大蒜及薤白等少数几个葱属品种的研究,而对于韭等一些葱属品种的研究开发更少,甚至空白。因此,有必要充分利用我国植物资源,对韭等一些颇具开发潜力的葱属植物资源进行深入、系统地研究,为开发新型、高效、安全的健康食品和药品提供科学依据。

韭菜籽为我国常见食用蔬菜百合科葱属植物韭菜(*Allium tuberosum Rottl.*)干燥成熟的种子。韭菜籽植物资源在我国十分丰富,产量占世界首位。我国各地皆产,以河南、河北、山西、吉林、江苏山东、安徽等地产量较大,尤其平顶山市的资源更是丰富,现有170多个品种。大量的分析测定结果显示,韭菜籽中含量较高的有脂肪(15.8%)、膳食纤维(18.2%)和粗蛋白(12.3%)。韭菜籽中含有4.5 mg/kg的维生素B_1、2.8 mg/kg的维生素B_2和55.1 mg/kg的烟酸。韭菜籽中包含大量的人体必需的矿物质元素,如钙、铁、锌、铜、镁和钠等。此外,韭菜籽中含有丰富的必需氨基酸,包括异亮氨酸、色氨酸和赖氨酸。因此,韭菜籽中天然有效成分的分离与鉴定对于韭菜籽药理作用的研究及其作用机理研究有着重要意义。目前对于韭菜籽的研究仅限于其温肾助阳作用方面,而对于韭菜籽中天然有效成分提取及分离纯化,尤其是采用生物技术法制备得到具有抗氧化活性/抑菌活性的韭菜籽天然有效成分的研究较少。

现代医学证明,人类许多慢性疾病及衰老现象均和人体内的自由基水平失衡有关,过量的自由基对机体产生氧化性损伤,当这种损伤不能及时修复并且积累到一定程度时往往导致疾病的出现。在正常生理情况下,自由基在体内不断生成,又不断地被清除,体内自由基处于低浓度动态平衡,但因某种因素,如环境污染、紫外辐射、抽烟、吸毒等,使得自由基产生过多或清除自由基能力下降时,过量的自由基会造成蛋白质、核酸、脂类等生物大分子结构与功能的改变,适当补充外源性抗氧化剂可有效改善因自由基过多引起的疾病。因此,为了保持身体健康及免受过多自由基的侵害,最理想的方法是在饮食中添加抗氧化剂,降低过量的自由基对机体产生的氧化性损伤,提升身体的抗氧化功能。

此外,在油脂或含油脂食品的加工贮藏过程中,除了由微生物作用发生腐败变质外,脂肪氧化是导致其品质变劣的主要因素。脂肪氧化会使油脂或含油脂食品氧化酸败生成醛、醇、酮等有机物,产生令人不愉快的气味,同时还会引起食品发生褪色、褐变、维生素破坏,降低了食品的质量和营养价值,氧化酸败严重时甚至产生有毒物质,危及人体健康甚至生命。因此,防止食品氧化已成为食品工业中的一个重要问题。目前食品工业主要使用的合成抗氧化剂,如二叔丁基羟基甲苯(Butylated Hydroxytoluene,BHT)、叔丁基羟基茴香醚(Butylated Hydroxyanisole,BHA)、没食子酸丙酯(Propylgallate,PG)等,被广泛用于食品中抑制脂肪氧化,并取得了很好的效果。但是,出于对食品安全性的考虑,其应用已受到限制。因此,从天然来源物种中获得高效、安全、经济的抗氧化剂具有重要的意义。

韭菜籽中的一些化学成分可能具有重要的生理功效,如抗氧化、抗衰老等。我国对韭菜籽中天然有效成分抗氧化功能和抑菌活性的研究报道较少,仅限于化学试验体系,尤其是利用生物技术制备韭菜籽中天然活性成分及相关应用研究无相关资料报道。如果将韭菜籽中的天然活性成分采用生物方法如发酵法、化学提取法得到并加以应用,可为韭菜籽中活性成分安全、有效应用提供理论依据,该项研究具有重要的理论和实践意义。因此,充分利用河南省十分丰富的韭菜(韭子)植物资源,对其进行深入、系统的研究,为实现韭菜籽中药现代化和开发新型、高效、安全的健康食品和药品提供科学依据。

参 考 文 献

[1]   江苏新医学院. 中药大辞典(下册)[M]. 上海:上海科学技术出版社,1977.

[2]   HU G H, LU Y H, WEI D Z. Fatty acid composition of the seed oil of *Allium tuberosum*[J]. Bioresource Technology, 2005, 96:1630 – 1632.

[3]   SANG SM, LAO A N, WANG H C, et al. Furostanol saponins from *Allium tuberosum*[J]. Phytochemistry, 1999, 521:611 – 1615.

[4]   SANG SM, LAO A N, WANG H C, et al. Two new spirostanol saponins from *Allium tuberosum*[J]. J Nat Prod, 1999, 62:1028 – 1029.

[5]   SANG S M, MAO S L, LAO A N, et al. Four new steroidal saponins from the seeds of *Allium tuberosum*[J]. J Agric Food Chem, 2001, 49:1475 – 1478.

[6]　SANG S M, ZOU M L, XIA Z H, et al. New spirostanol saponins from chinese chives (*Allium tuberosum*) [J]. J Agric Food Chem, 2001, 49:4780 – 4783.

[7]　SANG S L, MAO S L, LAO N A, et al. New steroid saponins from the seeds of *Allium tuberosum* L. [J]. Food Chemistry, 2003, 83:499 – 506.

[8]　胡国华. 中药韭子化学成分及其生物活性研究[D]. 上海:华东理工大学,2005.

[9]　刘宏敏,乔保建,马培芳. 韭菜籽中生物活性物质及其生理功效研究进展[J]. 农业科技通讯,2011(4):119 – 121.

[10]　王成永,时军,桂双英,等. 韭菜籽提取物的温肾助阳作用研究[J]. 中国中药杂志,2005,30(13):1017 – 1018.

[11]　胡国华,卢艳花,魏东芝. 韭子中核苷类化学成分的研究[J]. 中草药,2006,7(7): 992 – 993.

[12]　何娟,李上球,刘戈,等. 韭菜籽醇提物对去势小鼠性功能障碍的改善作用[J]. 江西中医学院学报,2007,19(2):68 – 70.

[13]　刘俊达. 韭菜籽盐炙前后温补肾阳的机理研究[D]. 成都:成都中医药大学,2011.

[14]　吴文辉,胡昌江,刘俊达,等. 韭菜籽不同炮制品对正常和肾阳虚小鼠交配能力的影响[J]. 中成药,2012,34(7):1322 – 1324.

[15]　谭桂山,徐平声,郑凯,等. 韭菜籽不同提取物对小白鼠SOD、MDA的影响[J]. 湖南中医药导报,1998,4(4):32 – 33.

[16]　杜绍亮,弓建红,张寒娟,等. 4种植物多糖抗氧化活性的比较[J]. 食品工业科技,2010,31(6):129 – 130,133.

[17]　武丽梅. 韭菜籽有效成分的提取及其抗氧化活性分析[D]. 上海:华东理工大学,2011.

[18]　洪晶,陈涛涛,唐梦茹,等. 响应面法优化韭菜籽蛋白质提取工艺[J]. 中国食品学报,2013,13(12):89 – 95.

[19]　孙婕,尹国友,丁蒙蒙,等. 韭菜籽蛋白的提取及抗氧化活性研究初探[J]. 食品工业科技, 2014,35(6):291 – 294.

[20]　郭奎彩,胡国华. 超声提取韭菜籽总黄酮及其抗氧化活性研究[J]. 中国食品添加剂,2014,47(4):47 – 52.

[21]　尹国友,孙婕,郑高攀,等. 酶解法提取韭菜籽蛋白及抗氧化活性的研究[J]. 食品工业,2016,37(1):1 – 16.

[22] 唐梦茹,陈涛涛,汪少芸,等. 响应面优化酶解法制备韭菜籽蛋白抗氧化肽工艺[J]. 中国食品学报,2016,16(4):159-166.

[23] 孙婕,尹国友,刘文霞,等. 黑曲霉液态发酵韭籽粕提取韭籽多肽工艺[J]. 食品工业科技,2017,38(5):199-204,209.

[24] 周丽丽,徐皓. 韭菜籽蛋白的提取及抗氧化活性研究进展[J]. 临床医药文献电子杂志,2020,7(11):159,161.

[25] 李敬,尤颖,吕惠丽. 韭菜籽黄酮的微波辅助提取及其抗氧化活性研究[J]. 中国调味品,2021,46(6):1-4,22.

[26] 尹国友,孙婕,澹博,等. 双水相萃取韭籽粕多糖的工艺及其抗氧化性研究[J]. 食品科学技术学报,2021,39(2):134-142.

[27] 尹国友,孙婕. 韭菜籽中活性物质的提取及抑菌检测[J]. 河南城建学院学报,2010,19(4):81-83.

[28] HONG J,CHEN T T,HU P,et al. A novel antibacterial tripeptide from Chinese leek seeds[J]. Eur Food Res Technol,2015,240:327-333.

[29] 孙婕,尹国友,马振中,等. 韭菜籽蛋白对枯草芽孢杆菌的抑菌实验研究[J]. 食品科技,2015,40(2):299-303.

[30] 孙婕,尹国友,吴郭杰,等. 韭菜籽蛋白抑菌作用研究[J]. 中国食品添加剂,2015(3):77-82.

[31] 刘莹. 褐蘑菇子实体活性多肽提取工艺[J]. 食用菌,2009(4):10-11.

[32] 赵华,陶静. 玉米酒精发酵前提取超氧化物歧化酶的研究[J]. 农业工程学报,2005,21(6):176-179.

[33] 敬海明,邓玉,成丽丽,等. 韭菜过氧化物酶的分离纯化及性质[J]. 食品科学,2012(9):226-230.

[34] 车东升,刘飞飞,穆成龙,等. 大豆凝集素的分离纯化及活性鉴定[J]. 吉林大学学报(理学版),2012(5):1041-1044.

[35] 刘忠萍,华聘聘. 磷酸盐缓冲液提取可溶性大豆膳食纤维的研究[J]. 中国油脂,2003,28(3):51-53.

[36] 任海伟,王常青,宋育璇. 黑豆多肽分离及其抗氧化活性的研究[J]. 天然产物研究与开发,2009,21(1):136-139.

[37] 郭倩,张建新,何桂酶,等. 大麦虫蛋白质的提取分离及抗氧化性研究[J]. 西北农业学报,2011,20(2):188-192.

[38] 汪家政,范明. 蛋白质技术手册[M].北京:科学出版社,2000.

[39] CHEN H M, MURAMOTO K, YAMAUCHI F, et al. Antioxidant activity of design peptides based on the antioxidative peptide isolated from digests of a soybean protein[J]. Journal of Agricultural and Food Chemistry, 1996, 44 (9):2619 – 2623.

[40] 姚晓蕾,熊双丽,张晓娟. 响应面法优化猪血超氧化物歧化酶的提取工艺[J]. 现代食品科技,2014,30(2):223 – 227,278.

[41] 徐杨,杨保伟,柴博华,等. 超声 – 酶法提取海带多糖及其抑菌活性[J].农业工程学报,2010,26(1):356 – 362.

[42] 周文化,张海玲,李瑶,等.大蒜酒体外抑菌试验的研究[J].食品科技,2010,35 (6):115 – 118.

[43] 马烁,吴朝霞,张琦,等.艾蒿中黄铜的提取纯化及抑菌试验[J].中国食品添加剂,2010(12):71 – 78.

[44] 王君,张宝善,高发标.响应面法优化大蒜汁处理条件对枯草芽孢杆菌的抑制作用[J].食品工业科技,2008,29(6):111 – 113.

[45] 刘蒙佳,周强,林海虹. 三种天然香辛料液对冷却肉保鲜效果的研究[J].肉类工业,2013,11:43 – 48.

[46] 王超.霉干菜提取物抑菌和抗氧化性能及其在猪肉保鲜中的应用[D].湘潭:湘潭大学,2013.

[47] 宋飞.单月桂酸甘油酯在冷鲜肉保存中的应用研究[D].济南:山东轻工业学院,2012.

[48] 马美湖,林亲录,张凤凯. 冷却肉生产中保鲜技术的初步研究[J].食品科学,2002,23(8):235 – 241.

[49] 李增礼.冷却肉复合保鲜剂的正交筛选及效果的研究[D].合肥:安徽农业大学,2008.

[50] 郭尧君.蛋白质电泳实验技术[M].北京:科学出版社,2006.

[51] 郭尧君. SDS 电泳技术的实验考虑及最新进展[J].生物化学与生物物理进展,1991,18(1):32 – 37.

[52] 刘利萍,张捷,王素芳.降解壳聚糖对肉品保鲜效果的试验研究[J].中国食品学报,2012,12(5):130 – 135.

[53] 张淼,何江红,贾洪锋,等.复合香辛调味料对牦牛肉冷藏保鲜的影响[J].中国调味品,2012,37(4):49 – 52.

[54] 任娇艳,赵谋明,崔春,等.基于响应面分析法的草鱼蛋白酶解工艺[J].华南理工大学学报(自然科学版),2006(3):95-100.

[55] 姜震,余顺火,王荣,等.酶解法提取龙虾废弃物中蛋白质的工艺研究[J].现代食品科技,2009,25(2):185-186.

[56] 王岸娜,孙玉丹,李龙安,等.响应面法优化猕猴桃糖蛋白提取工艺研究[J].河南农业科学,2012,41(8):121-127.

[57] 李欢,张梦飞,苗明三.韭菜籽的现代研究与思考[J].中医学报,2017,32(3):430-432.

[58] 黄姗芬,李云亮,杨雪,等.脱毒菜籽多肽对小鼠免疫功能的影响[J].安徽农业科学,2016,44(31):126-142.

[59] 宋玲钰,刘丽娜,徐志祥,等.多肽的降胆固醇活性研究进展[J].中国食物与营养,2016,22(10):69-72.

[60] 梅斯杰,王笑颖.多肽的功能及结构的研究进展[J].食品安全导刊,2016,24:143-146.

[61] 朱艳华,谭军.玉米多肽抗氧化作用的研究[J].中国粮油学报,2008,23(1):36-43.

[62] 宋玲钰,刘战伟,宗爱珍,等.降胆固醇活性花生多肽制备工艺的研究[J].中国食物与营养,2016,22(12):43-47.

[63] 王玲琴,王志耕,方玉明,等.双酶法制备大豆降胆固醇活性肽的研究[J].大豆科学,2010,29(1):109-112.

[64] 张晓梅,钟芳,麻建国.大豆降胆固醇活性肽的初步分离纯化[J].食品与机械,2006,22(2):33-36.

[65] 褚斌杰,祁高富,梁运祥.大豆肽减肥降血脂作用的研究[J].食品科技,2011,36(11):61-64.

[66] 龚吉军,钟海雁,黄卫文,等.油茶粕多肽降血脂活性研究[J].食品研究与开发,2012,33(10):24-27.

[67] 王茵,苏永昌,吴靖娜,等.紫菜多肽降血脂及抗氧化作用的研究[J].食品工业科技,2013(16):334-336.

[68] 王金玲,江连州,徐晶.豆粕功能肽制备及其降血脂作用[J].食品科学,2012,33(24):52-55.

[69] 刘恩岐,李华,巫永华,等.降胆固醇黑豆肽的分离纯化与结构鉴定[J].食品科

学,2013,34(19):128-132.

[70] 黎观红,洪志敏,贾永杰.抗菌肽的抗菌作用机制[J].动物营养学报,2011,23(4):546-555.

[71] 苗建银,柯畅,郭浩贤,等.抗菌肽的提取分离及抑菌机理研究进展[J].现代食品科技,2014,30(1):233-240.

[72] 孙婕,尹国友,WANG Q,等.黑曲霉液态发酵韭籽粕提取韭籽多肽工艺[J].食品工业科技,2017,38(5):199-209.

[73] 田锦涛,徐蔚.抗菌肽的发展及其应用简述[J].云南医药,2017,38(1):82-84.

[74] 燕晓翠,杨春蕾,姚大为,等.抗菌肽的国内外研究进展[J].天津农业科学,2017,25(3):35-41.

[75] 孙秀秀.大豆碱性多肽对大肠杆菌的抑菌机制及应用研究[D].济南:齐鲁工业大学,2016.

[76] 周世成.小麦蛋白抗菌肽的制备及其特性研究[D].郑州:河南工业大学,2011.

[77] 刘蕾.坛紫菜中抑菌活性多肽的分离、初步纯化及其作用机理研究[D].青岛:青岛大学,2011.

[78] 鞠兴荣,金晶,袁建,等.液态发酵法制备菜籽 ACE 抑制肽菌种的筛选[J].食品科学,2010,31(19):212-215.

[79] 谢翠品,敬思群,刘帅,等.黑曲霉发酵核桃粕生产核桃多肽工艺优化[J].中国酿造,2013,32(2):53-56.

[80] 魏明,薛正莲,赵世光,等.米曲霉发酵米糠制取米糠多肽及其抗氧化活性研究[J].食品工业科技,2014,35(19):114-118.

[81] 何荣海,蒋边,朱培培,等.枯草芽孢杆菌固态发酵菜籽粕生产多肽及降解硫苷的研究[J].食品工业科技,2014,35(10):228-233.

[82] 刘晓艳,杨国力,国立东,等.混菌固态发酵法生产大豆多肽饲料的研究[J].饲料工业,2012,33(6):51-56.

[83] 何荣海,邢欢,刘磊,等.液态发酵制备菜籽粕多肽的动力学研究[J].中国粮油学报,2016,31(9):69-74.

[84] 顾斌,马海乐,刘斌,等.混合发酵菜籽粕制备多肽技术的研究[J].食品工业科技,2011,32(5):190-192.

[85] 王海军,尹忠慧,田媛媛,等.黑曲霉固态发酵豆粕的工艺条件研究[J].安徽农业科学,2011,39(25):15767-15769.

[86] 詹深山,吴远根,乐意,等.黑曲霉固态发酵麻疯树饼粕产蛋白酶及酶学性质研究[J].食品研究与开发,2010,31(10):164-167.

[88] 孙英.茶籽饼粕多肽的制备、纯化及抗氧化活性研究[D].广州:华南理工大学,2013.

[89] 尹波欢.豆粕酶解制备ACE抑制肽及其性质研究[D].长沙:湖南农业大学,2012.

[90] 李艳伏.核桃粕多肽提取分离及功能特性研究[D].杨凌:西北农林科技大学,2008.

[91] 王玉.黑豆多肽的制备方法研究[D].长春:吉林农业大学,2015.

[92] 陈心,罗素兰,张本,等.多肽固相合成的研究进展[J].生物技术,2006,16(1):81-83.

[93] 潘天齐,何荣海,徐军,等.菜籽多肽增强免疫力作用的研究[J].现代医学,2016,44(11):1605-1608.

[94] 管风波,宋俊梅.响应面法优化黑曲霉发酵豆粕产大豆多肽发酵条件的研究[J].中国调味品,2008(8):40-41.

[95] 陈嵘,关珊珊,吕国忠,等.产蛋白酶毛霉菌株的初步筛选[J].微生物学杂志,2008,28(1):101-102.

[96] 李爱华,岳思群,马海滨.真菌孢子三种技术方法相关性的探讨[J].微生物杂志,2006,26(2):107-110.

[97] 王福荣,庞玉珍.福林-酚试剂法测定蛋白酶活力的条件试验[J].调味副食品科技,1981,21(12):21-24.

[98] GUO H, KOUZUMA Y, YONEKURA M. Structures and properties of antioxidative peptides derived from royal jelly protein[J]. Food Chemistry, 2009, 113 (1): 238-245.

[99] 郑宝东.食品酶学[M].南京:东南大学出版社,2006.

[100] 张剑,赵雷敏,康林霞.碱性蛋白酶活力分析方法研究[J].日用化学工业,2012,42(3):193-194.

[101] 王文娟.发酵法制备大豆多肽[D].济南:山东轻工业学院,2007.

[102] 徐高进,蒋予箭,于佳清.pH及乳酸菌对米曲霉固态制曲过程的影响[J].食

品与发酵工业,2011,37(7):73-75.

[103] 赵彩艳,程茂基,蔡克周,等.黑曲霉酸性蛋白酶酶学性质的研究[J].中国饲料,2006(10):17-18.

[104] 王振宇,张智,王婷婷.微生物发酵法提取玉米色素的研究[J].中国调味品,2010,35(11):95-96.

[105] 詹深山,吴远根,乐意,等.黑曲霉固态发酵麻枫树饼粕产蛋白酶及酶学性质研究[J].食品研究与开发,2010,31(10):164-165.

[106] 左爱连,张伟国.利用 Design-Expert 软件优化丝氨酸发酵培养基的研究[J].食品科技,2008(3):45-48.

[107] 许辉,孙兰萍.超临界 CO_2 萃取杏仁油的响应面优化[J].中国粮油学报,2008,23(1):94-98.

[108] 罗跃中,李忠英.自选育黑曲霉产酸性蛋白酶发酵条件初步研究[J].粮油加工,2009(11):127-130.

[109] 杜国军,刘晓兰,郑喜群.产果胶酶黑曲霉发酵条件的优化[J].农业与技术,2008,28(5):83-85.

[110] 秦卫东,陈学红,马利华.黑曲霉发酵豆粕制备抗氧化肽研究[J].食品科学,2010,31(23):289-292.

[111] 管风波,宋俊梅.响应面法优化曲霉发酵豆粕产大豆多肽发酵条件的研究[J].中国调味品,2008(8):40-42.

[112] 赵延华,龚吉军,李振华,等.ACE 抑制肽研究进展[J].粮食与油脂,2011(6):44-46.

[113] 张晓梅,钟芳,麻建国.大豆降胆固醇活性肽的初步分离纯化[J].食品与机械,2006,22(2):33-36.

[114] 王天明,苏意钢,马永军,等.海地瓜多肽分离及抗氧化活性研究[J].现代食品科技,2014,30(5):75-81.

[115] 杨文雄,高彦祥.响应面法及其在食品工业中的应用[J].中国食品添加剂,2005,6(2):68-71.

[116] 杜鹏.乳品微生物学实验技术[M].北京:中国轻工业出版社,2008.

[117] 李爱华,岳思群,马海滨.真菌孢子三种技术方法相关性的探讨[J].微生物杂志,2006,26(2):107-110.

[118] 周德庆.微生物学教程[M].北京:高等教育出版社,2002.

[119]   NAKAJIMA Y, NAKASHIMA T, INABA K, et al. Effects of nitric oxide on the redox status of liver microsomes – electron spin resonance monitor ringusing nitroxide probes[J]. Hepatol Res, 2002, 24(1): 72 – 79.

[120]   谢翠品,敬思群,刘帅,等.黑曲霉发酵核桃粕生产核桃多肽工艺优化[J].中国酿造,2013,32(2):53 – 56.

[121]   管风波.大豆多肽液态发酵工艺优化[J].粮食与油脂,2008(6):14 – 16.

[122]   柳杰,张晖,郭晓娜,等.液态发酵制备花生抗氧化肽的优化研究[J].中国油脂,2011,36(2):25 – 29.

[123]   鞠兴荣,金晶,袁建,等.液态发酵法制备菜籽 ACE 抑制肽菌种的筛选[J].食品科学,2010,31(19):212 – 215.

[124]   魏明,薛正莲,赵世光,等.米曲霉发酵米糠制取米糠多肽及其抗氧化活性研[J].食品工业科技,2014,35(19):114 – 118.

[125]   吴丹.富硒香菇多糖和富硒平菇多糖体外抗氧化活性研究[J].安徽农业科学,2010,38(11):5841 – 5856.

[126]   秦卫东,陈学红,马利华.黑曲霉发酵豆粕制备抗氧化肽研究[J].食品科学,2010,31(23):289 – 292.

[127]   孙俊良.酶制剂生产技术[M].北京:科学出版社,2004.

[128]   于研.微生物发酵法提取大豆油脂的研究[D].哈尔滨:东北林业大学,2012.

[129]   王岸娜,孙玉丹,李龙安,等.响应面法优化猕猴桃糖蛋白提取工艺研究[J].河南农业科学,2012,41(8):121 – 127.

[130]   岳喜庆,鲍宏宇,于娜,等.响应面法优化卵黄蛋白质提取工艺[J].食品研究与开发,2011,32(4):48 – 52.

[131]   RODRÍGUEZ – GONZÁLEZ V M, FEMENIA A, MINJARES – FUENTES R, et al. Functional properties of pasteurized samples of Aloe barbadensis Miller:optimization using response surface methodology [J]. LWT – Food Science and Technology,2012,47(2): 225 – 232.

[132]   CHIN Y G, DER D P, LING T H. Antioxidant and pro – oxidant properties of ascorbic acid and gallic acid[J]. Food Chemistry,2002,79(3):307 – 313.

[133]   孙婕,尹国友,陶战霞,等.黑曲霉发酵韭菜籽产蛋白酶活力的工艺研究[J].食品工业科技,2015,36(14):98 – 102.

[134]   罗娟,马海乐,刘雪姣.枯草芽孢杆菌液态发酵豆粕的种子培养基和发酵培养

基优化研究[J].食品工业科技,2016(8):229-233.

[135] 麻少莹.细丽毛壳菌发酵生产右旋糖酐酶的工艺条件优化及应用研究[D].南宁:广西大学,2014.

[136] 姚刚,程建军,孙鹏,等.枯草芽孢杆菌发酵产碱性蛋白酶的研究[J].食品科学,2009(23):347-351.

[137] 谢翠品,敬思群,刘帅,等.黑曲霉发酵核桃粕生产核桃多肽工艺优化[J].中国酿造,2013,32(2):53-57.

[138] 贾晨,李静媛,金玉兰,等.章鱼下脚料发酵液中多肽的分离及抗氧化活性的研究[J].青岛农业大学学报(自然科学版),2015,32(1):36-41.

[139] BO Y U,ZHAOX L. Production of soy peptides by defatted soy meal fermentation [J]. Food Science,2007,28(2):189-192.

[140] 邵金良,黎其万,董宝生,等.茚三酮比色法测定茶叶中游离氨基酸总量[J].中国食品添加剂,2008(2):162-165.

[141] 吴晖,卓林霞,解检清,等.发酵条件对枯草芽孢杆菌发酵豆粕中的蛋白酶活力的影响[J].现代食品科技,2008(10):973-976.

[142] 赵静.产中性蛋白酶菌种的选育及其在玉米淀粉生产中的应用[D].长春:吉林大学,2008.

[143] 管凤波,宋俊梅.枯草芽孢杆菌发酵豆粕产蛋白酶活性的研究[J].饲料工业,2008(14):28-30.

[144] 岳瑞雪,孙健,钮福祥,等.响应面分析法优化甘薯乙醇发酵条件[J].核农学报,2014(8):1400-1406.

[145] 王东,荣家萍,唐自钟,等.响应面法优化枯草芽孢杆菌产中性蛋白酶的发酵条件[J].基因组学与应用生物学,2016(1):143-151.

[146] 付博,武利刚,段杉,等.纳豆菌发酵虾头、虾壳过程所产蛋白酶的活力影响因素研究[J].中国调味品,2013(11):9-13.

[147] 施鹏飞,肖海峻,罗红霞,等.响应面分析法优化紫薯花青素提取工艺[J].食品工业科技,2014(20):322-326.

[148] 邵伟,乐超银,陈菽,等.大豆多肽Alcalase酶解法制备工艺研究及应用[J].中国酿造,2008(15):69-71.

[149] 杨雪,李云亮,王禹程,等.酶解法制备菜籽多肽的工艺研究[J].中国饲料,2017(2):19-21.

［150］　吕长鑫,李萌萌,徐晓明,等.响应面分析法优化纤维素酶提取紫苏多糖工艺
　　　　　［J］.食品科学,2013(2):6－10.

［151］　李萌.酶法制备绿豆多肽及其对乙醇脱氢酶活性影响研究［D］.长春:吉林农
　　　　　业大学,2015.

［153］　ChEN H M, MURAMOTO K, YAMAUCHI F. Structural analysis of antioxidative
　　　　　peptides from soybean β － conglycinin［J］. Journal of Agricultural and Food Chem-
　　　　　istry, 1995, 43 (3):574－578.

［154］　RAJAPAKSE N, MENDIS E, BYUN H G , et al. Purification and in vitro antiox-
　　　　　idative effects of giant squid muscle peptides on free radical － mediated oxidative
　　　　　systems［J］. The Journal of Nutritional Biochemistry, 2005, 16 (9):562－569.

［155］　JE J Y, QIAN Z J, KIM S K. Antioxidant peptide isolated from muscle protein of
　　　　　bullfrog, rana catesbeiana shaw［J］. Journal of Medicinal Food, 2007, 10 (3):
　　　　　401－407.

［156］　SAIGA A, TANABE S, NISHIMURA T. Antioxidant activity of peptides obtained
　　　　　from porcine myofibrillar proteins by protease treatment［J］. J Agric Food Chemis-
　　　　　try, 2003, 51 (12): 3661－3667.

［157］　WANG J S, ZHAO M M, ZHAO Q Z, et al. Antioxidant properties of papain hy-
　　　　　drolysates of wheat gluten in different oxidation systems［J］. Food Chemistry,
　　　　　2007, 101 (4):1658－1663.